职业教育工业机器人技术应用专业规划教材
亚龙智能装备集团股份有限公司校企合作项目成果系列规划教材

# 工业机器人操作与编程

U0240561

主　编　杨杰忠　　邹火军
副主编　张绍洪　　刘　伟　　余英旺
参　编　勾东海　　张石锐　　李仁芝　　陈　平
　　　　刘海周　　李　宁　　潘协龙　　郑　欣
　　　　覃光锋　　周立刚　　黄　波　　郭惠霞
　　　　赵建军　　高永生

机械工业出版社
CHINA MACHINE PRESS

本书以任务驱动教学法为主线，以应用为目的，以具体的项目任务为载体，主要项目任务有：认识工业机器人、工业机器人的机械结构和运动控制、工业机器人工具坐标系的标定与测试、工业机器人基础学习套件的编程与操作、工业机器人模拟焊接单元的编程与操作、工业机器人码垛单元的编程与操作、工业机器人搬运单元的编程与操作、工业机器人写字绘图单元的编程与操作、工业机器人大小料装配工作站的编程与操作、工业机器人涂胶工作站的编程与操作、工业机器人上下料工作站的编程与操作、工业机器人自动生产工作站的编程与操作、工业机器人变位机工作站的编程与操作、工业机器人的管理、工业机器人本体的保养与维护。

本书可作为职业院校、技工院校、技师学院工业机器人相关专业教材，也可作为工业机器人安装、维修等岗位培训教材。

为便于教学，本书配套有助教课件、教学视频等教学资源，选择本书作为教材的教师可来电（010-88379195）索取，或登录 www.cmpedu.com 网站注册、免费下载。

**图书在版编目（CIP）数据**

工业机器人操作与编程/杨杰忠，邹火军主编. —北京：机械工业出版社，2017.5（2024.1重印）
职业教育工业机器人技术应用专业规划教材
ISBN 978-7-111-57070-7

Ⅰ.①工…　Ⅱ.①杨…②邹…　Ⅲ.①工业机器人-操作-高等职业教育-教材②工业机器人-程序设计-高等职业教育-教材　Ⅳ.①TP242.2

中国版本图书馆 CIP 数据核字（2017）第 131173 号

机械工业出版社（北京市百万庄大街 22 号　邮政编码 100037）
策划编辑：高　倩　责任编辑：柳　瑛　责任校对：郑　婕
封面设计：路恩中　责任印制：刘　媛
涿州市般润文化传播有限公司印刷
2024 年 1 月第 1 版第 8 次印刷
184mm×260mm·12 印张·290 千字
标准书号：ISBN 978-7-111-57070-7
定价：36.00 元

凡购本书，如有缺页、倒页、脱页，由本社发行部调换
电话服务　　　　　　　　　　网络服务
服务咨询热线：010-88379833　机 工 官 网：www.cmpbook.com
读者购书热线：010-88379649　机 工 官 博：weibo.com/cmp1952
　　　　　　　　　　　　　　　教育服务网：www.cmpedu.com
**封面无防伪标均为盗版**　　　金 书 网：www.golden-book.com

# 序

中国制造"2025"宣告,中国制造业的转型升级已经处在进行时状态。它触动着各行各业的神经,也包括职业教育。

实现制造强国的战略目标,提高人才培养的质量,提升职业教育服务新产业、新业态、新商业模式、新生产生活方式的能力,是职业教育的职责,也是职业教育存在的价值。

在全球范围内,制造强国的实现路径和支撑条件各不相同,尽管传统的小作坊已被现代化的工业生产所取代,但沉淀下来的工匠精神和文化传统依旧应贯穿于现代生产制造中,并应从个体化的"工匠"行为演变为群体性的制造文化,成为推动现代制造业发展的灵魂。

中国由制造大国向制造强国迈进,由传统制造向智能制造转型,将产生哪些新的职业岗位,传统的职业岗位将发生什么变化,这些职业岗位的工作任务有哪些,完成这些工作任务需要哪些知识和操作技能……职业学校在思考、探索,教育装备企业也在思考、探索。

亚龙智能装备集团股份有限公司与职业学校教师合作编写的这套教材,是现阶段思考与探索的结果。教材的特色是:

一、教学内容与新职业岗位或职业岗位新的工作内容对接

中国制造2025有多个重点领域和突破方向,教材选取了数控装备、互联网+、机器人等方向,介绍这些新技术、新知识带来的新设备、新工艺和新方法。

新设备的安装与调试、使用与维护,新工艺和新方法的应用,是行业、企业在转型和技术改造升级中的主要问题,企业急需掌握智能装备安装调试和使用维护,懂得新工艺和新方法应用的高技能人才。

不同层次的人才在职业岗位上的工作任务是不相同的。我们把初、中级技能人才在职业岗位中的工作内容、知识与技能要求,编写在中职学校的教材中。把高级人才在职业岗位中的工作内容、知识与技能要求,编写在高职院校的教材中。教材的内容不仅与新的职业岗位或主要岗位新的工作内容对接,而且层次分明、对象明确。

二、理实一体的职业教育理念

不同的职业岗位,工作的内容不同,但包括资讯、决策、计划、实施、检查、评价等在内的工作过程却是相同的。

教材按照工作任务的描述、相关知识的介绍、完成工作任务的引导、各工艺过程的检查内容与技术规范和标准等工作学习流程组织内容,为学生完成工作任务的决策、计划、实施、检查和评价,并在其过程中学习专业知识与技能提供了足够的信息。把学习过程与工作过程、学习计划与工作计划结合起来,实现教学过程与生产过程的对接,有利于解决怎样做、怎样学、怎样教的问题。

三、将培养工匠精神贯穿在教学过程中

严谨执着、精益求精、踏实专注、尊重契约、严守职业底线、严格执行工艺标准的工匠

精神，不是一朝一夕能够养成的，而是在长期的工作和学习中，通过不断地反省、改进、提升形成的。教学过程，就是要让学生由"习惯是标准"转变为"标准是习惯"。

在完成教材设计的工作任务中，强调职业素养、强调操作的规范、强调技术标准，并按这些规范和标准评价学生完成的工作任务。

60分可以及格，90分可以优秀，但没有达到100%的要求，你就很难成为"工匠"。

四、遵循规律，循序渐进

知识的认知与掌握有自身的规律。本教材按循序渐进的原则呈现教学内容、规划教学进程，符合职业学校学生认知和技能学习的规律。

这套教材是校企合作的产物，是亚龙与职业院校教师在我国由制造大国向制造强国迈进、由传统制造向智能制造转型过程中对职业教育思考与探索的结晶。它们需要人们的呵护、关爱、支持和帮助，才有生命力。

浙江亚龙教育装备研究院
亚龙智能装备集团股份有限公司
陈继权
浙江温州

# 前　言

　　为贯彻全国职业院校坚持以就业为导向的办学方针，实现以专业对接产业、职业岗位课程对接职业标准、教材对接教学方法的目的，更好地适应"工学结合、任务驱动模式"教学的要求，满足项目教学法的需要，特编写此书。本书依据国家职业标准编写，知识体系由基础知识、相关知识、专业知识和操作技能知识4部分构成，知识体系中各个知识点和操作技能点都以任务的形式呈现。本书精心设计教学任务，对专业技术理论及相关知识并没有追求面面俱到，也没有过分强调学科的理论性、系统性和完整性，但力求涵盖了国家职业标准中必须掌握的知识和具备的技能。

　　本书共分为三大模块，即工业机器人的基础知识、工业机器人的编程与操作、工业机器人的管理与维护。每个模块又划分为不同的任务。在任务的选择上，以典型的工作任务为载体，坚持以能力为本位，重视实践能力的培养；在内容的组织上，整合相应的知识和技能，实现理论和操作的统一，有利于实现"做中学"和"学中做"，充分体现了认知规律。

　　本书是在充分吸收国内外职业教育先进理念的基础上，总结了众多学校一体化教学改革的经验，集众多一线教师多年的教学经验和企业实践专家的智慧完成的。在编写过程中，力求实现内容通俗易懂，既方便教师教学，又方便学生自学。特别是在操作技能部分，图文并茂，侧重于对程序设计、电路安装、通电试车过程和故障检修内容的细化，以提高学生在实际工作中分析和解决问题的能力，实现职业教育与社会生产实际的紧密结合。

　　本书在编写过程中得到了广西机电技师学院、浙江亚龙教育装备研究院、亚龙智能装备集团股份有限公司、广西柳州钢铁集团、上汽通用五菱汽车有限公司、柳州九鼎机电科技有限公司的同仁们的大力支持，在此一并表示感谢。

　　由于编者水平有限，书中若有错漏和不妥之处，恳请读者批评指正。

# 目 录

# 模块一

# 工业机器人的基础知识

## 任务一　认识工业机器人

### 学习目标

知识目标：1. 掌握工业机器人的定义。
　　　　　2. 熟悉工业机器人的常见分类及其行业应用。
　　　　　3. 了解工业机器人的发展现状和趋势。

能力目标：1. 能结合工厂自动化生产线说出搬运机器人、码垛机器人、装配机器人、涂装机器人和焊接机器人的应用场合。
　　　　　2. 能进行简单的机器人操作。

### 工作任务

机器人技术是综合了计算机、控制论、机构学、信息和传感技术、人工智能、仿生学等多种学科而形成的高新技术，是当代研究十分活跃、应用日益广泛的领域。而且，机器人的应用情况是反映一个国家工业自动化水平的重要标志。本次任务的主要内容就是了解工业机器人的现状和发展趋势；通过现场参观，了解工业机器人相关企业；现场观摩或在技术人员的指导下操作工业机器人，了解其基本组成。

### 相关知识

#### 一、工业机器人的定义及特点

##### 1. 工业机器人的定义

国际上对机器人的定义有很多。

美国机器人协会（RIA）将工业机器人定义为：工业机器人是用来搬运材料、零部件、工具等的可再编程的多功能机械手，或通过不同程序的调用来完成各种工作任务的特种装置。

日本工业机器人协会（JIRA）将工业机器人定义为：工业机器人是一种装备有记忆装

1

置和末端执行器，能够转动并通过自动完成各种移动来代替人类劳动的通用机器。

在我国1989年的国际草案中，工业机器人被定义为："一种自动定位控制、可重复编程、多功能的、多自由度的操作机。操作机被定义为：具有和人手臂相似的动作功能，可在空间抓取物体或进行其他操作的机械装置。

国际标准化组织（ISO）曾于1984年将工业机器人定义为：机器人是一种自动的、位置可控的、具有编程能力的多功能机械手，这种机械手具有几个轴，能够借助于可编程的操作来处理各种材料、零件、工具和专用装置，以执行各种任务。

### 2. 工业机器人的特点

（1）可编程

生产自动化的进一步发展是柔性自动化。工业机器人可随其工作环境变化的需要而再编程，因此它在小批量、多品种、具有均衡高效率的柔性制造过程中能发挥很好的功用，是柔性制造系统中的一个重要组成部分。

（2）拟人化

工业机器人在机械结构上有类似人的足、腰、大臂、小臂、手腕、手等部分。此外，智能化工业机器人还有许多类似人类的"生物传感器"，如皮肤型接触传感器、力传感器、负载传感器、视觉传感器、声觉传感器、语音功能传感器等。

（3）通用性

除了专用的工业机器人外，一般机器人在执行不同的作业任务时具有较好的通用性。例如，更换工业机器人手部末端执行器（手爪、工具等）便可执行不同的作业任务。

（4）机电一体化

第三代智能机器人不仅具有获取外部环境信息的各种传感器，而且还具有记忆能力、语言理解能力、图像识别能力、推理判断能力等人工智能，这些都是微电子技术的应用，特别是与计算机技术的应用密切相关。工业机器人与自动化成套技术，集中并融合了多项学科，涉及多项技术领域，包括工业机器人控制技术、机器人动力学及仿真、机器人构建有限元分析、激光加工技术、模块化程序设计、智能测量、建模加工一体化、工厂自动化及精细物流等先进制造技术，技术综合性强。

## 二、工业机器人的历史和发展趋势

### 1. 工业机器人的诞生

"机器人"（Robot）这一术语是在1921年由捷克斯洛伐克著名剧作家、科幻文学家、童话寓言家卡雷尔·恰佩克首创的，它成了"机器人"的起源，此后一直沿用至今。不过，人类对于机器人的梦想却已延续数千年之久，如古希腊古罗马神话中冶炼之神用黄金打造的机械仆人、希腊神话《阿鲁哥探险船》中的青铜巨人泰洛斯、犹太传说中的泥土巨人、我国西周时代能歌善舞的木偶"倡者"和三国时期诸葛亮的"木牛流马"传说等。到了现代，从机器人频繁出现在科幻小说和电影中已不难看出人类对于机器人的向往，而科技的进步让机器人不仅停留在科幻故事里，而且正一步步"潜入"人类生活的方方面面。1959年，美国发明家英格伯格与德沃尔制造了世界上第一台工业机器人Unimate，这个外形类似坦克炮塔的机器人可实现回转、伸缩、俯仰等动作，如图1-1-1所示，它被称为现代机器人的开端。之后，不同功能的工业机器人也相继出现并且活跃在不同的领域。

### 2. 工业机器人的发展现状

机器人技术作为 20 世纪人类最伟大的发明之一，自 20 世纪 60 年代初问世以来，从简单机器人到智能机器人，机器人技术的发展已取得了长足进步。2005 年，日本 YASKAWA 推出能够从事此前由人类完成组装及搬运作业的工业机器人 MOTOMAN-DA20 和 MOTOMAN-IA20，如图 1-1-2 所示。DA20 是一款在仿造人类上半身的构造物上配备 2 个六轴驱动臂型"双臂"机器人。上半身构造物本身也具有绕垂直轴旋转的关节，尺寸与成年男性大体相同，可

图 1-1-1　世界上第一台工业机器人 Unimate

直接配置在此前人类进行作业的场所。可实现接近人类两臂的动作及构造，因此可以稳定地搬运工件，还可以从事紧固螺母以及部件的组装和插入等作业。另外，与协调控制 2 个臂型机器人相比，设置面积更小。单臂负重能力为 20kg，双臂可最多搬运 40kg 的工件。

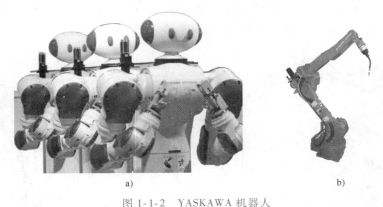

a)　　　　　　　　　　　　　　　　　　　b)

图 1-1-2　YASKAWA 机器人

a）双臂机器人 MOTOMAN-DA20　b）七轴机器人 MOTOMAN-IA20

IA20 是一款通过七轴驱动再现人类肘部动作的臂型机器人。在工业机器人中也是全球首次实现七轴驱动，因此更加接近人类动作。一般来说，人类手臂具有 7~8 个关节。此前的六轴机器人，可再现手臂的 3 个关节，以及手腕具有的 3 个关节。而 IA20 则进一步增加了肘部的 1 个关节，这样就可以实现肘部折叠或伸出手臂的动作。六轴机器人由于动作上的制约，胸部成为"死区"，而七轴机器人可将胸部作为动作区域来使用，另外还可以实现绕开靠近机身障碍物的动作。

2010 年意大利柯马（COMAU）宣布 SMART5 PAL 码垛机器人研制成功，如图 1-1-3 所示，该机器人专为码垛作业设计，采用新的控制单元 C5G 和无线示教，有效载荷范围为 180~260kg，作业半径 3.1m，同时共享机器人家族的中空腕技术和机械配置选项；该机器人符合人体工程学，采用一流的碳纤维杆，整体轻量化设计，线速度高，能有效减少和优化时间节拍；该机器人能满足一般工业部门客户的高质量要求，主要应用在装载/卸载、多个产品拾取、堆垛和高速操作等场合。

同年，德国 KUKA 公司的机器人产品——气体保护焊接专家 KR 5arc HW（Hollow Writsl）问世，如图 1-1-4 所示，赢得了全球著名的红点奖，并且获得了"Red Dot：优中之优"杰出设计奖。其机械臂和机械手上有一个 50mm 宽的通孔，可以保护机械臂上的整套气体软管的敷设。由此不仅可以避免气体软管组件受到机械性损伤，而且可以防止其在机器人改变方向时随意甩动。此款产品既可敷设抗扭转软管组件，也可使用无限转动的气体软管组件，对用户来说，这不仅意味着提高了构件的可接近性，保证了对整套软管的最佳保护，而且使离线编程也得到了简化。

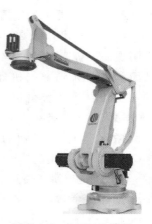

图 1-1-3　COMAU 码垛机器人 SMART5 PAL

日本 FANUC 公司也推出过 Robot M-3iA 装配机器人。M-3iA 装配机器人可采用四轴或六轴模式，具有独特的平行连接结构，并且还具备轻巧便携的特点，承重极限 6kg，如图 1-1-5 所示。此外，M-3iA 装配机器人在同等级机器人（1350mm×500mm）中的工作行程最大。六轴模式下的 M-3iA 具备一个三轴手腕，用于处理复杂的生产线任务，还能按要求旋转零件，几乎可与手工媲美。四轴模式下的 M-3iA 具备一个单轴手腕，可用于简单快速的拾取操作，手腕前端的旋转速度可达 4000°/s。另外，手腕的中空设计使电缆可在内部缠绕，大大降低了电缆的损耗。

图 1-1-4　KUKA 焊接机器人 KR 5arc HW

图 1-1-5　FANUC 装配机器人 Robot M-3iA

### 3. 工业机器人的发展趋势

从近几年推出的产品来看，工业机器人技术正向高性能化、智能化、模块化和系统化方向发展，其发展趋势主要为：结构的模块化和可重构化；控制技术的开放化、PC 化和网络化；伺服驱动技术的数字化和分散化；多传感器融合技术的实用化；工作环境设计的优化和作业的柔性化等。

（1）高性能

工业机器人技术正向高速度、高精度、高可靠性、便于操作和维修方向发展，且单机价格不断下降。

（2）机械结构向结构的模块化、可重构化发展

例如，关节模块中的伺服电动机、减速机、检测系统三位一体化；由关节模块、连杆模

块用重组方式构造机器人整机；国外已有模块化装配机器人产品问市。.

（3）本体结构更新加快

随着技术的进步，机器人本体近 10 年来发展变化很快。以安川 MOTOMAN 机器人产品为例，L 系列机器人持续 10 年时间，K 系列机器人持续 5 年时间，SK 系列机器人持续 3 年时间。1998 年年底安川公司推出了 UP 系列机器人，其最突出的特点是：大臂采用新型的非平行四边形的单连杆机构，工作空间有所增加，本体自重进一步减少，变得更加轻巧。

（4）控制系统向基于 PC 的开放型控制器方向发展

控制系统向基于 PC 的开放型控制器方向发展，便于标准化、网络化，器件集成度提高，控制柜越来越小巧。

（5）多传感器融合技术的实用化

机器人中的传感器作用日益重要，除采用传统的位置、速度、加速度等传感器外，装配、焊接机器人还应用了视觉、力觉等传感器，而遥控机器人则采用视觉、声觉、力觉、触觉等传感器的融合技术来进行环境建模及决策控制，多传感器融合配置技术在产品化系统中已有成熟应用。

（6）多智能体系统协调控制技术

多智能体系统协调控制技术是目前机器人研究的一个崭新领域，主要对多机器人协作、多机器人通信、多智能体的群体体系结构、相互间的通信与磋商机理、感知与学习方法、建模和规划、群体行为控制等方面进行研究。

## 三、工业机器人的分类

关于工业机器人的分类，国际上没有制定统一的标准，有的按负载重量分，有的按控制方式分，有的按自由度分，有的按结构形式分，有的按应用种类分。例如机器人首先在制造业大规模应用，所以机器人曾被简单地分为两类，即用于汽车、IT、机床等制造业的机器人称为工业机器人，其他的机器人称为特种机器人。随着机器人应用的日益广泛，这种分类显得过于粗糙。现在除工业领域之外，机器人技术已经广泛地应用于农业、建筑、医疗、服务、娱乐，以及空间和水下探索等多种领域。依据具体应用领域的不同，工业机器人又可分为物流、码垛等搬运型机器人和焊接、车铣、修磨、注塑等加工型机器人。可见，机器人的分类方法和标准很多。本书主要介绍以下两种工业机器人的分类方法。

**1. 按机器人的技术等级划分**

按照机器人技术发展水平可以将工业机器人分为三代。

（1）示教再现机器人

第一代工业机器人是示教再现型。这类机器人能够按照人类预先示教的轨迹、行为、顺序和速度重复作业。示教可以由操作员手把手地进行，比如操作人员握住机器人上的喷枪，沿喷漆路线示范一遍，机器人动作记住这一连串运动，工作时，自动重复这些运动，从而完成给定位置的涂装工作。这种方式即所谓的直接示教，如图 1-1-6a 所示。但是，比较普遍的方式是通过示教器示教，如图 1-1-6b 所示。操作人员利用示教器上的开关或按键来控制机器人一步一步运动，机器人自动记录，然后重复。目前在工业现场应用的机器人大多属于第一代。

（2）感知机器人

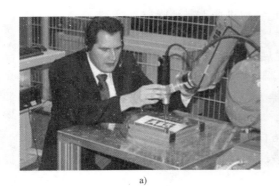

a)                                                                    b)

图 1-1-6 示教再现工业机器人

a）直接示教 b）示教器示教

第二代工业机器人为感知机器人，它具有环境感知装置，能在一定程度上适应环境的变化，目前已进入应用阶段，如图 1-1-7 所示。以焊接机器人为例，机器人焊接的过程一般是通过示教方式给出机器人的运动曲线，机器人携带焊枪沿着该曲线进行焊接。这就要求工件的一致性要好，即工件被焊接位置十分准确。否则，机器人携带焊枪所走的曲线和工件的实际焊缝之间会有偏差。为解决这个问题，第二代工业机器人（应用于焊接作业时），采用焊缝跟踪技术，通过传感器感知焊缝的位置，再通过反馈控制，机器人就能够自动跟踪焊缝，从而对示教的位置进行修正，即使实际焊缝相对于原始设定的位置有变化，机器人仍然可以很好地完成焊接工作。类似的技术正越来越多地应用于工业机器人。

（3）智能机器人

第三代工业机器人称为智能机器人，如图 1-1-8 所示，具有发现问题，并且能自主地解决问题的能力，尚处于实验研究阶段。这类机器人具有多种传感器，不仅可以感知自身的状态，比如所处的位置、自身的故障等，而且能够感知外部环境的状态，如自动发现路况、测出协作机器的相对位置和相互作用的力等。更重要的是，能够根据获得的信息，进行逻辑推理、判断决策，在变化的内部状态与变化的外部环境中，自主决定自身的行为。这类机器人

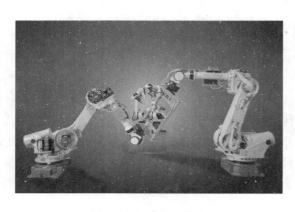

图 1-1-7 感知机器人                图 1-1-8 智能机器人

不但具有感觉能力，而且具有独立判断、行动、记忆、推理和决策的能力，能与外部对象、环境协调地工作，能完成更加复杂的动作，还具备故障自我诊断及修复能力。

**2. 按机器人的机构特征划分**

工业机器人的机械配置形式多种多样，典型机器人的机构运动特征是用其坐标特征来描述的。按基本动作机构，工业机器人通常可分为直角坐标机器人、柱面坐标机器人、球面坐标机器人和关节型机器人等类型。

（1）直角坐标机器人

直角坐标机器人具有空间上相互垂直的多个直线移动轴，通常为3个，如图1-1-9所示，通过直角坐标方向的3个独立自由度确定其手部的空间位置，其动作空间为一长方体。直角坐标机器人结构简单，定位精度高，空间轨迹易于求解，但其动作范围相对较小，设备的空间因数较低，实现相同的动作空间要求时，机体本身的体积较大。

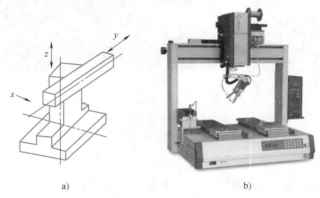

a)                                        b)

图1-1-9 直角坐标机器人

a）示意图 b）实物图

（2）柱面坐标机器人

柱面坐标机器人的空间位置机构主要由旋转基座、垂直移动轴和水平移动轴构成，如图1-1-10所示。其具有一个回转和两个平移自由度，动作空间成圆柱体。这种机器人结构简单、刚性好，但缺点是在机器人的动作范围内，必须有沿轴线前后方向的移动空间，空间利

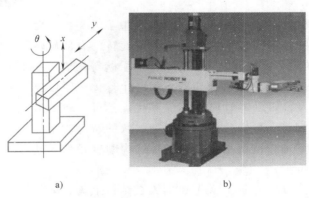

a)                                        b)

图1-1-10 柱面坐标机器人

a）示意图 b）实物图

用率较低。

（3）球面坐标机器人

如图 1-1-11 所示，其空间位置分别由旋转、摆动和平移 3 个自由度确定，动作空间形成球面的一部分。其机械手能够做前后伸缩移动、在垂直平面上摆动以及绕底座在水平面上移动。著名的 Unimate 机器人就是这种类型，其特点是结构紧凑，所占空间体积小于直角坐标和柱面坐标机器人，但仍大于多关节机器人。

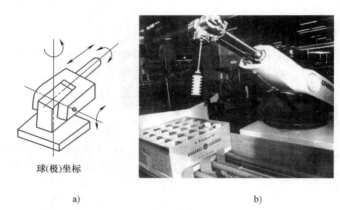

球（极）坐标

a)                                               b)

图 1-1-11　球面坐标机器人

a）示意图　b）实物图

（4）多关节机器人

由多个旋转和摆动机构组合而成。这类机器人结构紧凑、工作空间大、动作最接近人的动作，对涂装、装配、焊接等多种作业都有良好的适应性，应用范围越来越广。不少著名的机器人厂商都采用了这种形式，其摆动方向主要有垂直方向和水平方向两种，因此这类机器人又可分为垂直多关节机器人和水平多关节机器人。如美国 Unimation 公司在 20 世纪 70 年代末推出的机器人 PUMA 就是一种垂直多关节机器人，而日本由梨大学研制的机器人 SCARA 则是一种典型的水平多关节机器人。目前世界工业领域装机较多的工业机器人是 SCARA 型四轴机器人和串联关节型垂直六轴机器人。

1）垂直多关节机器人。垂直多关节机器人模拟了人类的手臂功能，由垂直于地面的腰部旋转轴（相对于大臂旋转的肩部旋转轴）、带动小臂旋转的肘部旋转轴以及小臂前端的手腕等构成。手腕通常由 2~3 个自由度构成，其动作空间近似一个球体，所以也称为多关节球面机器人，如图 1-1-12 所示。其优点是可以自由地实现三维空间的各种姿势，可以生成各种复杂形状的轨迹。相对机器人的安装面积，其动作范围很宽；缺点是结构刚度较低，动作的绝对位置精度较低。

2）水平多关节机器人。水平多关节机器人在结构上具有串联配置的两个能够在水平面内旋转的手臂，其自由度可以根据用途选择 2~4 个，动作空间为一圆柱体，如图 1-1-13 所示。其优点是

图 1-1-12　垂直多
关节机器人

在垂直方向上的刚性好，能方便地实现二维平面的动作，在装配作业中得到普遍应用。

### 四、工业机器人的应用

图 1-1-13　水平多关节机器人

工业机器人是集机械、电子、控制、计算机、传感器、人工智能等多学科先进技术于一体的现代制造业重要的自动化装备。

根据国际机器人联合会（IFR）的数据，2011 年是工业机器人创业自 1961 年以来最蓬勃发展的一年，全球市场销量 166028 台，同比增长 38%，而对于中国市场则成为增幅最大的一年，销售量达 22577 台，较 2010 年实现了 50.7% 的增长。中国拥有的工业机器人数量和密度与日本、美国和德国等国家仍有很大差距。在绝对数量上，中国的机器人数量仅为日本的 24%、美国的 39%、德国的 47%；在工业机器人应用最多的汽车行业，每万名工人当中中国机器人数量只有 141 台，而日本有 1584 台，德国有 1176 台，美国有 1104 台。从这个角度看，工业机器人在中国的缺口很大。

1969 年，美国通用汽车公司用 21 台工业机器人组成了焊接轿车车身的自动生产线后，自此各工业发达国家都非常重视研制和应用工业机器人，进而也相继形成一批在国际上较有影响力的著名的工业机器人厂商。这些公司目前在中国的工业机器人市场也处于领先地位，主要分为日系和欧系两种。具体来说，又可分成"四大"和"四小"两个阵营："四大"即为瑞典 ABB、日本 FANUC 及 YASKAWA、德国 KUKA；"四小"为日本 OTC、PANASON-IC、NACHI 及 KAWASAKI。其中，日本 FANUC 与 YASKAWA、瑞典 ABB 三家企业在全球机器人销量均突破了 20 万台，KUKA 机器人的销量也突破了 15 万台。国内也涌现了一批工业机器人厂商，这些厂商中既有像沈阳新松这样的国内机器人技术的领先者，也有像南京埃斯顿、广州数控这些伺服、数控系统厂商。图 1-1-14 展示了近年来工业机器人行业应用分布情况，当今世界近 50% 的工业机器人集中使用在汽车及相关领域，主要进行搬运、码垛、

图 1-1-14　近年来工业机器人行业应用分布

焊接、涂装和装配等复杂作业。

（1）机器人搬运

搬运作业是指用一种设备握持工件，从一个加工位置移到另一个加工位置。搬运机器人可安装不同的末端执行器（如机械手爪、真空吸盘、电磁吸盘等）以完成各种不同形状和状态的工件搬运，大大减轻了人类繁重的体力劳动，通过编程控制，可以让多台机器人配合各个工序不同设备的工作时间，实现流水线作业的最优化。搬运机器人具有定位准确、工作节拍可调、工作空间大、性能优良、运行平稳和维修方便等特点。搬运机器人，广泛应用于机床上下料、自动装配流水线、码垛搬运、集装箱等自动搬运，机器人搬运如图1-1-15所示。

（2）机器人码垛

机器人码垛是机电一体化高新技术应用，如图1-1-16所示。它可满足中低量的生产需要，也可按照要求的编组方式和层数，完成对料带、胶块、箱体等各种产品的码垛。机器人替代人工搬运、码垛，能迅速提高企业的生产效率和产量，同时能减少人工搬运造成的错误；机器人码垛可全天候作业，由此每年能节约大量的人力资源成本，达到减员增效的目的。码垛机器人广泛应用于化工、饮料、食品、啤酒、塑料等生产企业，对纸箱、袋装、罐装、啤酒箱、瓶装等各种形状的包装成品都适用。

图1-1-15　机器人搬运机床上下料

图1-1-16　机器人码垛

（3）机器人焊接

机器人焊接是目前最大的工业机器人应用领域（如工程机械、汽车制造、电力建设、钢结构等），它能在恶劣的环境下连续工作并能提供稳定的焊接质量，提高了工作效率，减轻了工人的劳动强度。采用机器人焊接是焊接自动化的革命性进步，它突破了焊接刚性自动化（焊接专机）的传统方式，开拓了一种柔性自动化生产方式，实现了在一条焊接机器人生产线同时自动生产若干种焊件，如图1-1-17所示。

图1-1-17　机器人焊接

（4）机器人涂装

机器人涂装工作站或生产线充分利用了机器人灵活、稳定、高效的特点，适用于生产量大、产品型号多、表面形状不规则的工件外表面涂装，广泛应用于汽车，汽车零配件（如发动机、保险杠、变速器、弹簧、板簧、塑料件、驾驶室等），家电（如电视机、电冰箱、洗衣机、计算机等外壳），建材（如卫生陶瓷）、机械（如电动机减速器）等行业，如图 1-1-18 所示。

（5）机器人装配

机器人装配工作站是柔性自动化系统的核心设备。图 1-1-19 所示为机器人进行手机装配。其末端执行器为适应不同的装配对象而设计成各种手爪；传感系统用于获取装配机器人与环境和装配对象之间相互作用的信息。与一般工业机器人相比，装配机器人具有精度高、柔顺性好、工作范围小、能与其他系统配套使用等特点，主要应用于各种电器的制造行业及流水线产品的组装作业，具有高效、精确、可不间断工作的特点。

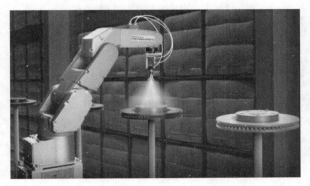

图 1-1-18　机器人涂装

图 1-1-19　机器人进行手机装配

综上所述，在工业生产中应用机器人，可以方便迅速地改变作业内容或方式，以满足生产要求的变化，比如，改变焊缝轨迹、改变涂装位置、变更装配部件或位置等。随着对工业生产线柔性的要求越来越高，对各种机器人的需求也会越来越强烈。

## 五、工业机器人的安全使用

工业机器人与一般的自动化设备不同，可在动作区域范围内高速自由运动，机器人最高的运行速度可以达到 4m/s，所以在操作机器人时必须严格遵守机器人操作规程，并且熟知机器人安全注意事项。

### 1. 工业机器人安全注意事项

1）工业机器人所有操作人员必须对自己的安全负责，在使用机器人时必须遵守所有的安全条款，规范操作。

2）机器人程序的编程人员、机器人应用系统的设计和调试人员、安装人员必须接受授权培训机构的操作培训才可进行单独操作。

3）在进行机器人的安装、维修和保养时切记要关闭总电源。带电操作容易造成电路短路、损坏机器人，操作人员也有触电危险。

4）在调试与运行机器人时，机器人的动作具有不可预测性，所有的动作都有可能产生

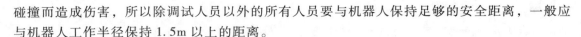 

碰撞而造成伤害，所以除调试人员以外的所有人员要与机器人保持足够的安全距离，一般应与机器人工作半径保持 1.5m 以上的距离。

**2. 安全操作规程**

（1）示教和手动控制机器人

1）请不要佩戴手套操作示教盘和操作盘。

2）在点动操作机器人时要采用较低的倍率速度以增加对机器人的控制机会。

3）在按下示教盘上的点动键之前要考虑到机器人的运动趋势。

4）要预先考虑好避让机器人的运动轨迹，并确认该线路不受干涉。

5）机器人周围区域必须清洁，无油、水及杂质等。

6）必须确认现场人员情况，安全帽、安全鞋、工作服是否备齐。

（2）生产运行

1）在开机运行前，须了解机器人根据所编程序将要执行的全部任务。

2）必须熟悉所有会控制机器人移动的开关、传感器和控制信号的位置和状态。

3）必须熟悉机器人控制器和外围控制设备上的紧急停止按钮的位置，准备在紧急情况下按这些按钮。

4）永远不要认为机器人没有移动表示其程序就已经执行完成。因为此时机器人可能是在等待让它继续移动的输入信号。

**3. 机器人安全使用规则**

（1）安全教育的实施

示教作业等因安全的考虑，必须由受过操作教育训练的人员操作使用（无切断电力的保养作业也相同）。

（2）作业规程的制作

请将示教作业依据机器人的操作方法及手册、异常时再起动的处理等做成相关作业规程，并遵守规章内容（无切断电力的保养作业也相同）。

（3）紧急停止开关的设定

示教作业请设定为可立即停止运转的装置（无切断电力的保养作业亦相同）。

（4）示教作业中的标识

示教作业中请将［示教作业中］的标识放置在起动开关上（无切断电力的保养作业亦相同）。

（5）安全栅栏的设置

运转中请确认使用围栏或栅栏将操作人员与机器人隔离，防止直接接触机台。

（6）运转开始的信号

运转开始，对于相关人员的信号有固定的方法，请依此进行。

（7）维护作业中的标识

维护作业原则上须中断电力进行，并将［保养作业中］的标识放置在起动开关上。

（8）作业开始前的检查

作业开始前请详细检查，确认机器人及紧急停止开关、相关装置等无异常状况。

**4. 机器人操作注意事项**

1）使用附属的控制器（GOT、PLC、按钮开关）控制机器人自动运转时，各控制器操作权等的 Interlock 请客户端自行设计。

2）请在规格范围内的环境中使用机器人，除此之外的环境容易造成机台故障（温度、湿度、空气、噪声环境等）。

3）请依照机器人指定的搬运姿势进行搬运或移动机器人，指定以外的搬运方式有可能因为掉落而造成人身伤害或机台故障。

4）请确实将机器人固定在底座上，不稳定的姿势有可能产生位置偏移或振动。

5）线缆是产生噪声的原因，请尽可能将配线拉开距离，太过接近有可能造成位置偏移及错误动作。

6）请勿用力拉扯接头或过度的卷曲线缆，因为有可能造成接触不良及线缆断裂的情况。

7）夹爪所包含的工件重量请勿超出额定负荷及容许力矩，超出重量的情况下有可能发生异常报警及故障。

8）确实抓紧安装工具及工件，以免因运转中使物体甩开而导致人员及物品的损伤。

9）确认机器人及控制器的接地情况，否则容易因为电磁干扰而产生误动作或导致触电事故发生。

10）机器人在动作中时标识为运转状态，没有标识的情况下容易导致人员接近或有错误的操作。

11）在机器人的动作范围内做示教作业时，务必确保机器人的控制有优先权，否则由外部指令使机器人起动，有可能造成人员及物品的损伤。

12）JOG 速度尽量以低速进行，并请勿在操作中将视线离开机器人，否则容易干涉到工件及周边装置。

13）程序编辑后自动运转前，请务必确认 step 运转动作，若无确认有可能发生程序错误与周边装置干涉。

14）自动运转中安全栅栏的出入口门被打开的情况下，机器人会自动停止，否则会发生人员的损伤。

15）请勿随意做机械改造或使用指定以外的零件，否则可能导致机械故障或损坏。

16）从外部用手推动机器人手臂的情况下，请勿将手或指头放入开口部位，否则有可能会夹伤。

17）请勿用关闭机器人控制器的主电源的方式来使机器人停止或紧急停止。在自动运转中将控制器的主电源关闭有可能使机器人精度受到影响，且有可能发生手臂掉落或松动而干涉到周边装置的情况。

18）重写控制器内程序或参数等内部资料时，请勿将控制器的主电源关闭。自动运转中或程序参数填写过程中，若关闭控制器主电源、则有可能破坏控制器的内部资料。

## 任务实施

### 一、任务准备

实施本教学任务所使用的实训设备及工具材料可参考表 1-1-1。

表 1-1-1　实训设备及工具材料

| 序号 | 分类 | 名　称 | 型　号　规　格 | 数量 | 单位 | 备注 |
|---|---|---|---|---|---|---|
| 1 | 工具 | 电工常用工具 | | 1 | 套 | |
| 2 | 设备器材 | 工业机器人 | ABB 型号自定 | 1 | 套 | |
| 3 | | 工业机器人 | KUKA 型号自定 | 1 | 套 | |
| 4 | | 工业机器人 | FANUC 型号自定 | 1 | 套 | |
| 5 | | 工业机器人 | YASKAWA 型号自定 | 1 | 套 | |
| 6 | | 工业机器人 | 自定 | 1 | 套 | |

## 二、观看工业机器人在工厂自动化生产线中的应用录像

记录工业机器人的品牌及型号，并查阅相关资料，了解工业机器人的类型、品牌和应用等，填写于表 1-1-2 中。

表 1-1-2　观看工业机器人在工厂自动化生产线中的应用录像记录表

| 序号 | 类　型 | 品牌及型号 | 应　用　场　合 |
|---|---|---|---|
| 1 | 搬运机器人 | | |
| 2 | 码垛机器人 | | |
| 3 | 装配机器人 | | |
| 4 | 焊接机器人 | | |
| 5 | 涂装机器人 | | |

## 三、参观工厂、实训室

参观实训室如图 1-1-20 所示，记录工业机器人的品牌及型号，并查阅相关资料，了解工业机器人的主要技术指标及特点，填写于表 1-1-3 中。

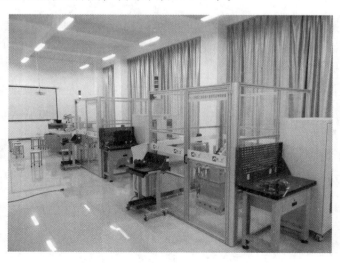

图 1-1-20　工业机器人编程与操作实训室

表 1-1-3　参观工厂、实训室记录表

| 序号 | 品牌及型号 | 主要技术指标 | 特　　点 |
|---|---|---|---|
| 1 | | | |
| 2 | | | |
| 3 | | | |

## 四、教师演示工业机器人的操作过程，并说明操作过程的注意事项

## 五、在教师的指导下，学生分组进行简单的机器人操作练习

 检查测评

对任务实施的完成情况进行检查，并将结果填入表 1-1-4。

表 1-1-4　任务测评表

| 序号 | 主要内容 | 考核要求 | 评分标准 | 配分 | 扣分 | 得分 |
|---|---|---|---|---|---|---|
| 1 | 观看录像 | 正确记录工业机器人的品牌及型号，正确描述主要技术指标及特点 | 1. 记录工业机器人的品牌、型号有错误或遗漏，每处扣 5 分<br>2. 描述主要技术指标及特点有错误或遗漏，每处扣 5 分 | 20 | | |
| 2 | 参观工厂 | 正确记录工业机器人的品牌及型号，正确描述主要技术指标及特点 | 1. 记录工业机器人的品牌、型号有错误或遗漏，每处扣 5 分<br>2. 描述主要技术指标及特点有错误或遗漏，每处扣 5 分 | 20 | | |
| 3 | 机器人操作练习 | 1. 观察机器人操作过程，能说出工业机器人的安全注意事项、安全使用原则和操作注意事项<br>2. 能正确进行工业机器人的操作 | 1. 不能说出工业机器人的安全注意事项，扣 10 分<br>2. 不能说出工业机器人的安全使用原则，扣 10 分<br>3. 不能说出工业机器人的操作注意事项，扣 10 分<br>4. 不能根据控制要求，完成工业机器人的简单操作，扣 20 分 | 50 | | |
| 4 | 安全文明生产 | 劳动保护用品穿戴整齐，遵守操作规程，讲文明礼貌，操作结束要清理现场 | 1. 操作中，违反安全文明生产考核要求的任何一项扣 5 分，扣完为止<br>2. 当发现学生有重大事故隐患时，要立即予以制止，并每次扣安全文明生产总分 5 分 | 10 | | |
| | | | 合　计 | | | |
| 开始时间： | | | 结束时间： | | | |

任务二　工业机器人的机械结构和运动控制

## 学习目标

知识目标：1. 熟悉工业机器人的常见技术指标。
2. 掌握工业机器人的机构组成及各部分的功能。
3. 了解工业机器人的运动控制。
4. 熟悉示教器的按键功能及使用功能。
5. 掌握机器人运动轴和坐标系。
6. 掌握手动操纵机器人的流程和方法。

能力目标：1. 能够正确识别工业机器人的基本组成。
2. 能够正确判别工业机器人的点位控制和连续路径运动。
3. 能够使用示教器熟练操作工业机器人实现单轴运动、线性运动与重定位运动。

## 工作任务

对工业机器人而言，操作者可以通过示教器来控制机器人关节（轴）的动作，也可以通过运行已有示教程序来实现机器人的自由运转。不过，目前机器人自动运行的程序多数是通过手动操作机器人来创建和编辑的。因此，手动操纵机器人时工业机器人示教编程的基础，是完成机器人作业"示教——再现"的前提。本次任务是了解有关工业机器人系统的基本组成、技术参数及运动控制，能够熟练进行机器人坐标系和运动轴的选择，并能够使用示教器熟练操作机器人实现单轴运动、线性运动与重定位运动。

## 相关知识

### 一、工业机器人的系统组成

工业机器人是一种模拟人手臂、手腕和手功能的机电一体化装置，可对物体运动的位置、速度和加速度进行精确控制，从而完成某一工业生产的作业要求。如图 1-2-1 所示，当前工业中应用最多的第一代工业机器人主要由以下几个部分组成：机器人本体（操作机）、控制器、示教器和连接电缆。对于第二代及第三代工业机器人还包括感知系统和分析决策系统，它们分别由传感器及软件实现。

示教器　　　　控制器　　　　连接电缆　　　机器人本体

图 1-2-1　第一代工业机器人系统组成示意图

### 1．机器人本体

机器人本体（或称操作机）是工业机器人的机械主体，是用来完成各种作业的执行机构。它主要由机械臂、驱动装置、传动单元及内部传感器等部分组成。由于机器人需要实现快速而频繁的启停、精确的到位和运动，因此必须采用位置传感器、速度传感器等检测元件实现位置、速度和加速度闭环控制。如图1-2-2所示为六轴自由度关节型工业机器人操作机的基本构造。为适应不同的用途，机器人操作机最后一个轴的机械接口通常为一连接法兰，可接装不同的机械操作装置（习惯上称为末端执行器），如夹紧爪、吸盘、焊枪等，如图1-2-3所示。

（1）机械臂

关节型工业机器人的机械臂是由关节连在一起的许多机械连杆的集合体。它本质上是一个拟人手臂的空间开链式机构，一端固定在基座上，另一端可自由运动。关节通常是移动关节和旋转关节。移动关节允许连杆做直线移动，旋转关节仅允许连杆之间做旋转运动。由关节——连杆结构所构成的机械臂大体可分为基座、腰部、臂部（大臂和小臂）和手腕等4部分，由4个独立旋转"关节"（腰关节、肩关节、肘关节和腕关节）串联而成，如图1-2-2所示。它们可在各个方向运动，这些运动就是机器人在"做工"。

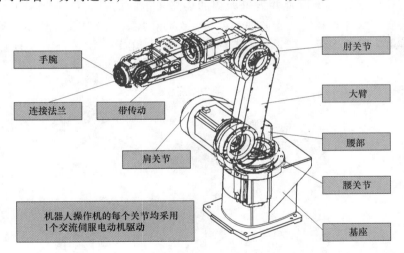

图1-2-2  关节型工业机器人操作机的基本构造

1）基座。工业机器人的基座是机器人的基础部分，起支撑作用，整个执行机构和驱动系统都安装在基座上。有时为了能使机器人完成较远距离的操作，可以增加行走机构，行走机构多为滚轮式或履带式，行走方式分为有轨与无轨两种。近几年发展起来的步行机器人的行走机构多为连杆机构。

2）腰部。腰部是机器人手臂的支撑部分。根据执行机构坐标系的不同，腰部可以在基座上转动，也可以和基座制成一体。有时腰部也可以通过导杆或导槽在基座上移动，从而增大工作空间。

3）手臂。手臂是连接机身和手腕的部分，由操作机的动力关节和连接杆件等构成。它是执行机构中的主要运动部件，也称主轴，主要用于改变手腕和末端执行器的空间位置，满足机器人的作业空间，并将各种载荷传递到基座。手臂的运动方式有直线运动和回转运动两种形式。手臂要有足够的承载能力和刚度，导向性好，重量和转动惯量小，运动平稳，定位精度高。

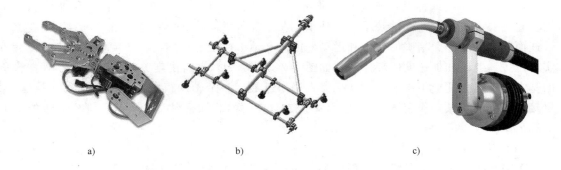

图 1-2-3　工业机器人末端执行器
a) 夹紧爪　b) 吸盘　c) 焊枪

4) 手腕。工业机器人的手腕是连接末端执行器和手臂的部分，将作业载荷传递到臂部，也称次轴，主要用于改变末端执行器的空间姿态。机器人一般具有 6 个自由度才能使手部（末端执行器）到达目标位置并处于期望的姿态，手腕的自由度主要用于实现所期望的姿态。因此，要求腕部具有回转、俯仰和偏转 3 个自由度，如图 1-2-4 所示。通常，把手腕的回转称为 Roll，用 R 表示；把手腕的俯仰称为 Pitch，用 P 表示；把手腕的偏转称为 Yaw，用 Y 表示。

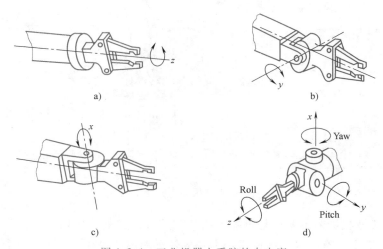

图 1-2-4　工业机器人手腕的自由度
a) 手腕的回转　b) 手腕的俯仰　c) 手腕的偏转　d) 三个自由度间的关系

（2）驱动装置

驱动装置是驱使工业机器人机械臂运动的机构。按照控制系统发出的指令信号，借助于动力元件使机器人产生动作，相当于人的肌肉、筋络。机器人常用的驱动方式主要有液压驱动、气压驱动和电气驱动三种基本类型，见表 1-2-1。目前，除个别运动精度不高、重负载或有防爆要求的机器人采用液压、气压驱动外，工业机器人大多采用电气驱动，而其中交流伺服电动机应用最广，且驱动器布置大都采用一个关节一个驱动器。

表 1-2-1　三种驱动方式特点比较

| 驱动方式 | 特　点 | | | | | |
|---|---|---|---|---|---|---|
| | 输出力 | 控制性能 | 维修使用 | 结构体积 | 使用范围 | 制造成本 |
| 液压驱动 | 压力高,可获得较大的输出力 | 油液不可压缩,压力流量均容易控制,可无级调速,反应灵敏,可实现连续轨迹控制 | 维修方便,液体对温度变化敏感,油液泄漏易着火 | 在输出力相同的情况下,体积比气压驱动方式小 | 中、小型及重型机器人 | 液压元件成本较高,油路比较复杂 |
| 气压驱动 | 气体压力低,输出力较小,如需输出力大时,其结构尺寸过大 | 可高速运行,冲击较严重,精确定位困难。气体压缩性大,阻尼效果差,低速不易控制,不易与CPU连接 | 维修简单,能在高温、粉尘等恶劣环境中使用,泄漏无影响 | 体积较大 | 中、小型机器人 | 结构简单,工作介质来源方便,成本低 |
| 电气驱动 | 输出力较小或较大 | 容易与CPU连接,控制性能好,响应快,可精度定位,但控制系统复杂 | 维修使用较复杂 | 需要减速装置,体积较小 | 高性能、运动轨迹要求严格的机器人 | 成本较高 |

（3）传动单元

驱动装置是受控运动必须通过传动单元带动机械臂产生运动,以精确地保证末端执行器所需求的位置、姿态并实现其运动。

目前,工业机器人广泛采用的机械传动单元是减速器,与通用减速器相比,机器人关节减速器要求具有传动链短、体积小、功率大、质量轻和易于控制等特点。大量应用在关节型机器人上的减速器主要有两类:RV减速器和谐波减速器。精密减速器使机器人伺服电动机在一个合适的速度下运转,并精确地将转速降到工业机器人各部位需要的速度,在提高机械本体刚性的同时输出更大的转矩。一般将RV减速器放置在基座、腰部、大臂等重负载位置(主要用于20kg以上的机器人关节);而将谐波减速器放置在小臂、腕部或手部等轻负载位置(主要用于20kg以下的机器人关节)。此外,机器人还采用齿轮传动、链条(带)传动、直线运动单元等,如图1-2-5所示。

1）谐波减速器。同行星齿轮传动一样,谐波齿轮传动(简称谐波传动)通常由3个基本构件组成,包括一个有内齿的刚轮,一个工作时可产生径向弹性变形并带有外齿的柔轮和一个装在柔轮内部、呈椭圆形、外圈带有柔性滚动轴承的波发生器,如图1-2-6所示。在这3个基本构件中可任意固定一个,其余一个为主动件,另一个为从动件(如刚轮固定不变,波发生器为主动件,柔轮为从动件)。

当波发生器装入柔轮后,迫使柔轮的剖面由原先的圆形变成椭圆形,其长轴两端附近的齿与刚轮的齿完全啮合,而短轴两端附近的齿则与刚轮完全脱开,周长上其他区段的齿处于啮合和脱离的过渡状态。当波发生器沿某一方向连续转动时,柔轮的形状不断改变,使柔轮与刚轮的啮合状态也不断改变,啮入、啮合、啮出、脱开、再啮入……周而复始地进行,柔轮的外齿

带传动

谐波减速器

RV减速器

图 1-2-5　机器人关节传动单元

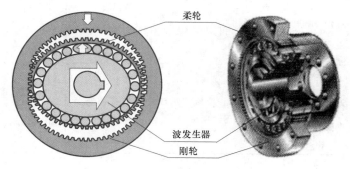

柔轮

波发生器

刚轮

图 1-2-6　谐波减速器工作原理

数少于刚轮的内齿数，从而实现柔轮相对刚轮沿波发生器相反方向的缓慢旋转。

2）RV 减速器。与谐波传动相比，RV 传动具有较高的抗疲劳强度和刚度以及较长的寿命，而且回差精度稳定，不像谐波传动，随着使用时间的增长，运动精度就会显著降低，故高精度机器人传动多采用 RV 减速器，而且有逐渐取代谐波减速器的趋势。如图 1-2-7 所示为 RV 减速器结构示意图，主要由太阳轮（中心轮）、行星轮、转臂（曲柄轴）、转臂轴承、摆线轮（RV 齿轮）、针齿、刚性盘与输出盘等零部件组成。

RV 传动装置是由第一级渐开线圆柱齿轮行星减速机构和第二级摆线针轮行星减速机构

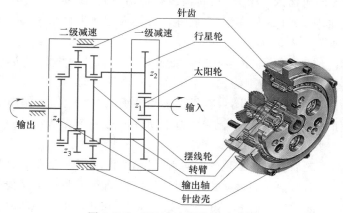

二级减速　　一级减速　　针齿

行星轮

太阳轮

$z_2$

$z_1$

输入

输出

$z_4$

$z_3$

摆线轮

转臂

输出轴

针齿壳

图 1-2-7　RV 减速器结构示意图

两部分组成，是一封闭的差动轮系。执行电动机的旋转运动由齿轮轴或太阳轮传递给两个渐开线行星轮，完成第一级减速；行星轮的旋转通过曲柄轴带动相距180°的摆线轮，从而生成摆线轮的公转。同时，由于摆线轮在公转过程中会受到固定于针齿壳上针齿的作用力而形成与摆线轮公转方向相反的力矩，进而造成摆线轮的自转运动，完成第二级减速。运动的输出通过两个曲柄轴使摆线轮与刚性盘构成平行四边形的等角速度输出机构，将摆线轮的转动等速传递给刚性盘及输出盘。

**2. 控制器**

如果说操作机是机器人的"肢体"，那么控制器则是机器人的"大脑"和"心脏"。机器人控制器是根据指令以及传感信息控制机器人完成一定动作或作业任务的装置，是决定机器人动作功能和性能的主要因素，也是机器人系统中更新和发展最快的部分。它通过各种控制电路中的硬件和软件的结合来操纵机器人，并协调机器人与周边设备的关系，其基本功能如下：

1）示教功能，包括在线示教和离线示教两种方式。

2）记忆功能，包括存储作业顺序、运动路径和方式及生产工艺有关的信息等。

3）位置伺服功能，包括机器人多轴联动、运动控制、速度和加速度控制、动态补偿等。

4）坐标设定功能，可在关节、直角、工具等常见坐标系之间进行切换。

5）与外围设备联系功能，包括输入/输出接口、通信接口、网络接口等。

6）传感器接口，包括位置检测、视觉、触觉、力觉等。

7）故障诊断安全保护功能，包括运行时状态监视、故障状态下的安全保护和自诊断。

控制器是完成机器人控制功能的结构实现。依据控制系统的开放程度，机器人控制器可分为3类：封闭型、开放型和混合型。目前应用中的工业机器人控制系统，基本上都是封闭型系统（如日系机器人）或混合型系统（如欧系机器人）。按计算机结构、控制方式和控制算法的处理方法，机器人控制器又可分为集中式控制和分布式控制两种方式。

（1）集中式控制器

利用一台微型计算机实现系统的全部控制功能，早期机器人（如Hero-Ⅰ、Robot-Ⅰ等）常采用这种结构，如图1-2-8所示，集中式控制器的优点是硬件成本较低，便于信息的采集和分析，易于实现系统的最优控制，整体性与协调性较好，基于PC的系统硬件扩展较为方便。但其缺点也显而易见：系统控制缺乏灵活性，控制风险容易集中，一旦出现故障，其影响面广，后果严重；由于工业机器人的实时性要求较高，当系统进行大量数据计算时，会降低系统实时性，系统对多任务的响应能力也会与系统的实时性相冲突；此外，系统连线复杂，会降低系统的可靠性。

（2）分布式控制器

其主要思想是"分散控制，集中管理"，即系统对其总体目标和任务可以进行综合协调和分配，并通过子系统的协调工作来完成控制任务，整个系统在功能、逻辑和物理等方面都是分散的。子系统是由控制器和不同被控对象或设备构成的，各个子系统之间通过网络等进行相互通信。分布式控制结构提供了一个开放、实时、精确的机器人控制系统。分布式系统中常采用两级控制方式，由上位机和下位机组成，如图1-2-9所示。上位机负责整个系统管理以及运动学计算、轨迹规划等，下位机由多个CPU组成，每个CPU控制一个关节运动。

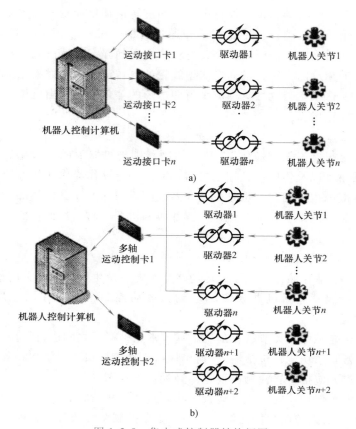

图 1-2-8　集中式控制器结构框图

a）使用单独接口卡驱动每一机器人关节　b）使用多轴运动控制卡驱动多个机器人关节

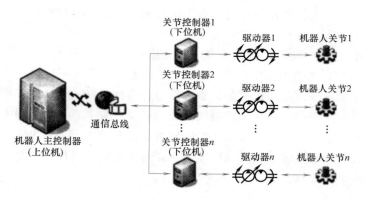

图 1-2-9　分布式控制器结构框图

上、下位机通过通信总线（如 RS-232、RS-485、以太网等）相互协调工作。分布式系统的优点在于系统灵活性好，控制系统的危险性降低，采用多处理器的分散控制，有利于系统功能的并行执行，提高系统的处理效率，缩短响应时间。

ABB 第五代机器人控制器 IRC5 就是一个典型的模块化分布设计。IRC5 控制器（灵活型控制器）如图 1-2-10 所示，由一个控制模块和一个驱动模块组成，可选择一个过程模块以容纳定制设备和接口，如点焊、弧焊和胶合等。配备这三种模块的灵活型控制器完全有能力控制一台六轴机器人外加伺服驱动工件定位器及类似设备。控制模块作为 IRC5 的心脏，自带主计算机，能够执行高级控制算法，为多达 36 个伺服轴进行复合路径计算，并且可指挥 4 个驱动模块。控制模块采用开放式系统架构，配备基于商用 Intel 主板和处理器的工业 PC 机以及PCI 总线。如需增加机器人的数量，只需为每台新增机器人增装一个驱动模块，还可选择安装一个过程模块。各模块间只需

图 1-2-10　ABB 机器人控制器
IRC5 的模块化分布设计

要两根连接电缆，一根为安全信号传输电缆，另一根为以太网连接电缆，供模块间通信使用，模块连接简单易行。由于采用标准组件，用户不必担心设备淘汰问题，随着计算机处理技术的进步能随时进行设备升级。

**3. 示教器**

示教器也称示教编程或示教盒，主要由液晶屏幕和操作按键组成，可由操作者手持移动。它是机器人的人机交互接口，机器人的所有操作基本上都是通过示教器来完成的，如点动机器人，编写、测试和运行机器人程序，设定、查阅机器人状态设置和位置等。如图 1-2-11 所示，实际操作时，当用户按下示教器上按键，示教器通过电缆向主控计算机发出相应的指令代码（S0）；此时，主控计算机上负责串口通信的通信子模块接收指令代码（S1）；然后由指令码解释模块分析判断该指令码，并进一步向相关模块发送与指令码相应的消息（S2），以驱动有关模块完成该指令码要求的具体功能（S3）；同时，为让操作用户时刻掌握机器人的运动位置和各种状态信息，主控计算机的相关模块同时将状态信息（S4）经串口发送给示教器（S5），在液晶显示屏上显示，从而与用户沟通，完成数据的交换功能。因此，示教器实质上就是一个专用的智能终端。

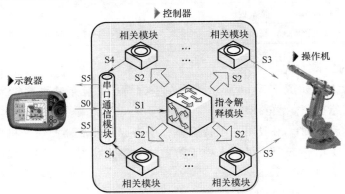

图 1-2-11　示教时的数据流关系

（1）示教器的组成

机器人示教器是一种手持式操作装置，用于执行与操作机器人系统有关的许多任务：编

写程序、运行程序、修改程序、手动操纵、参数配置、监控机器人状态等。示教器包括连接器、触摸屏、触摸笔、急停按钮、操纵杆和使能器按钮等一些功能按钮，如图1-2-12所示。各部件的功能说明见表1-2-2。

表1-2-2　示教器主要部件功能说明

| 标号 | 部件名称 | 说　　明 |
|---|---|---|
| A | 连接器 | 与机器人控制柜连接 |
| B | 触摸屏 | 机器人程序和机器人状态的显示 |
| C | 急停按钮 | 紧急情况下的停止机器人 |
| D | 操纵杆 | 控制机器人的各种运动,如轴运动、直线运动 |
| E | USB接口 | 将机器人程序拷贝到U盘或者将U盘的程序拷贝到示教器 |
| F | 使能器按钮 | 给机器人的6个电动机使能上电 |
| G | 触摸笔 | 与触摸屏配套使用 |
| H | 重置按钮 | 将示教器重置为出厂状态 |

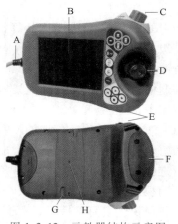

图1-2-12　示教器结构示意图

示教器的功能按键如图1-2-13所示，其功能说明见表1-2-3。

表1-2-3　示教器按键的功能说明

| 标号 | 说　　明 |
|---|---|
| A~D | 预设按键,可以根据实际需求设定按键功能 |
| E | 选择机械单元(用于多机器人控制) |
| F | 切换运动模式,机器人重定位或者线性运动 |
| G | 切换运动模式,实现机器人的单轴运动,轴1~3或轴4~6 |
| H | 切换增量控制模式,开启或者关闭机器人增量运动 |
| J | 后退按键,使程序逆向运动,程序运行到上一条指令 |
| K | 前进按键,使程序正向运动,程序运行到下一条指令 |
| L | 启动按键,机器人正向运行整个程序 |
| M | 暂停按钮,机器人暂停运行程序 |

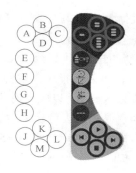

图1-2-13　示教器的功能按键

（2）示教器的手持方式

示教器的手持方式如图1-2-14所示。用左手握持，4指穿过张紧带，指头触摸使能器按钮，掌心与大拇指握紧示教器。

操作机器人示教器时，一般用左手持设备，手指握住使能器按钮。机器人使能按钮有两个挡位，一挡伺服上电，二挡使机器人处于防护装置停止状态。使用适当的力度握住使能器才能给机器人使能上电。

## 二、工业机器人的技术指标

工业机器人的技术指标反映了机器人的适用范围和工作性能，是选择、使用机器人必须考虑的问题。尽管各机器人厂商所提供的技术指标不完全一样，机器人的结构、用途以及用户的

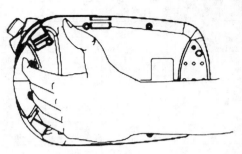

图 1-2-14　示教器的手持方式

要求也不尽相同，但其主要技术指标一般均为：自由度、工作空间、额定负载、最大工作速度和工作精度等。表 1-2-4 是工业机器人行业四大品牌的市场典型热销产品的主要技术参数。

表 1-2-4　工业机器人行业四大品牌的典型热销产品参数

| 机器人的品牌和型号 | 机器人主要的技术参数 | | | | |
|---|---|---|---|---|---|
| FANUC M-10iA | 机械结构 | 六轴垂直多关节型 | 最大工作速度 | J1 | 210°/s |
| | | | | J2 | 190°/s |
| | 额定负载 | 10kg | | J3 | 210°/s |
| | | | | J4 | 400°/s |
| | 工作半径 | 1420mm | | J5 | 400°/s |
| | | | | J6 | 600°/s |
| | 工作精度 | ±0.08mm | 工作空间 | J1 | 340° |
| | | | | J2 | 250° |
| | 安装方式 | 落地式、倒置式 | | J3 | 445° |
| | | | | J4 | 380° |
| | 本体质量 | 130kg | | J5 | 380° |
| | | | | J6 | 720° |
| YASKWA MA1400 | 机械结构 | 六轴垂直多关节型 | 最大工作速度 | S 轴 | 220°/s |
| | | | | L 轴 | 220°/s |
| | 额定负载 | 3kg | | U 轴 | 220°/s |
| | | | | R 轴 | 410°/s |
| | 工作半径 | 1434mm | | B 轴 | 410°/s |
| | | | | T 轴 | 610°/s |
| | 工作精度 | ±0.08mm | 工作空间 | S 轴 | −170°~170° |
| | | | | L 轴 | −90°~155° |
| | | | | U 轴 | −175°~190° |
| | 安装方式 | 落地式、倒置式 | | R 轴 | −150°~150° |
| | | | | B 轴 | −45°~180° |
| | 本体质量 | 130kg | | T 轴 | −200°~200° |

（续）

| 机器人的品牌和型号 | 机器人主要的技术参数 | | | | |
|---|---|---|---|---|---|
| <br>ABB IRB1520 | 机械结构 | 六轴垂直多关节型 | 最大工作速度 | 轴1 | 130°/s |
| | | | | 轴2 | 140°/s |
| | 额定负载 | 4kg | | 轴3 | 140°/s |
| | | | | 轴4 | 320°/s |
| | 工作半径 | 1500mm | | 轴5 | 380°/s |
| | | | | 轴6 | 460°/s |
| | 工作精度 | ±0.05mm | 工作空间 | 轴1 | ±170° |
| | | | | 轴2 | −90°~155° |
| | 安装方式 | 落地式、倒置式 | | 轴3 | −100°~80° |
| | | | | 轴4 | ±155° |
| | 本体质量 | 170kg | | 轴5 | −90°~+135° |
| | | | | 轴6 | ±200° |
| <br>KUKA KR5 arc | 机械结构 | 六轴垂直多关节型 | 最大工作速度 | A1 | 154°/s |
| | | | | A2 | 154°/s |
| | 额定负载 | 5kg | | A3 | 228°/s |
| | | | | A4 | 343°/s |
| | 工作半径 | 1411mm | | A5 | 384°/s |
| | | | | A6 | 721°/s |
| | 工作精度 | ±0.04mm | 工作空间 | A1 | ±155° |
| | | | | A2 | −180°~65° |
| | 安装方式 | 落地式、倒置式 | | A3 | −15°~158° |
| | | | | A4 | ±350° |
| | 本体质量 | 127kg | | A5 | ±130° |
| | | | | A6 | ±350° |

### 1. 自由度

自由度是物体能够对坐标系进行独立运动的数目，末端执行器的动作不包括在内。通常作为机器人的技术指标，反映机器人动作的灵活性，可用轴的直线移动、摆动或旋转动作数目来表示。采用空间开链连杆机构的机器人，因每个关节运动副仅有一个自由度，所以机器人的自由度数就等于它的关节数。由于具有6个旋转关节的铰接开链式机器人从运动学上已证明能以最小的结构尺寸获取最大的工作空间，并且能以较高的位置精度和最优的路径到达指定位置，因而关节机器人在工业领域得到广泛的应用。目前，焊接和涂装作业机器人多为6或7个自由度，而搬运、码垛和装配机器人多为4~6个自由度。

### 2. 额定负载

额定负载也称持重，正常操作条件下，作用于机器人手腕末端，且不会使机器人性能降低的最大载荷。目前使用的工业机器人负载范围可从0.5kg直至800kg。

### 3. 工作精度

机器人的工作精度主要指定位精度和重复定位精度。定位精度也称绝对精度，是指机器人末端执行器实际到达位置与目标位置之间的差异。重复定位精度简称重复精度，是指机器人重复定位其末端执行器于同一目标位置的能力。工业机器人具有绝对精度低，重复精度高的特点。一般而言，工业机器人的绝对精度要比重复精度低一到两个数量级，造成这种情况的主要原因是机器人控制系统根据机器人的运动学模型来确定机器人末端执行器的位置，然而这个理论上的模型和实际机器人的物理模型存在一定的误差，产生误差的因素主要有机器人本身的制造误差、工件加工误差以及机器人与工件的定位误差等。目前，工业机器人的重复精度可达±0.01~±0.5mm。根据作业任务和末端持重的不同，机器人的重复精度亦要求不同，见表1-2-5。

表1-2-5　工业机器人典型行业应用的工作精度

| 作业任务 | 额定负载/kg | 重复精度/mm |
|---|---|---|
| 搬运 | 5~200 | ±0.2~±0.5 |
| 码垛 | 50~800 | ±0.5 |
| 点焊 | 50~350 | ±0.2~±0.3 |
| 弧焊 | 3~20 | ±0.08~±0.1 |
| 涂装 | 5~20 | ±0.2~±0.5 |
| 装配 | 2~5 | ±0.02~±0.03 |
| | 6~10 | ±0.06~±0.08 |
| | 10~20 | ±0.06~±0.1 |

### 4. 工作空间

工作空间也称工作范围、工作行程。工业机器人在执行任务时，其手腕参考点所能掠过的空间，常用图形来表示，如图1-2-15所示。由于工作范围的形状和大小反映了机器人工作能力的大

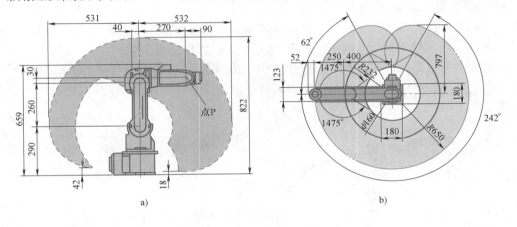

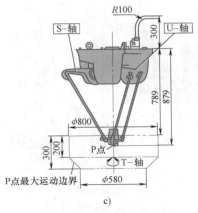

图1-2-15　不同本体结构YASKAWA机器人的工作范围（单位：mm）

a）垂直串联多关节机器人MOTOMAN MH3F　b）水平串联多关节机器人MOTOMAN MPP3S

c）并联多关节机器人MOTOMAN MYS650L

小，因而它对于机器人的应用十分重要。工作范围不仅与机器人各连杆的尺寸有关，还与机器人的总体结构有关。为能真实反映机器人的特征参数，厂家所给出的工作范围一般指不安装末端执行器时可以到达的区域。应特别注意的是，在装上末端执行器后，需要同时保证工具姿态，实际的可达空间会比厂家给出的要小一层，需要认真地用比例作图法或模型法核算一下，以判断是否满足实际需要。目前，单体工业机器人本体的工作半径可达 3.5m 左右。

### 5. 最大工作速度

最大工作速度是指在各轴联动情况下，机器人手腕中心所能达到的最大线速度。这在生产中是影响生产效率的重要指标，因生产厂家不同而标注不同，一般都会在技术参数中加以说明。很明显，最大工作速度越高，生产效率也就越高；然而，工作速度越高，对机器人最大加速度的要求也就越高。

除上述五项技术指标外，还应注意机器人控制方式、驱动方式、安装方式、存储容量、插补功能、语言转换、自诊断及自保护、安全保障功能等。

## 三、工业机器人的运动控制

### 1. 工业机器人运动学问题

工业机器人操作机可看作是一个开链式多连杆机构，始端连杆就是机器人的基座，末端连杆与工具相连，相邻连杆之间用一个关节（轴）连接在一起，如图 1-2-16 所示。对于一个 6 自由度工业机器人，它由 6 个连杆和 6 个关节（轴）组成。编号时，基座称为连杆 0，不包含在这 6 个连杆内，连杆 1 与基座由关节 1 相连，连杆 2 通过关节 2 与连杆 1 相连，以此类推。

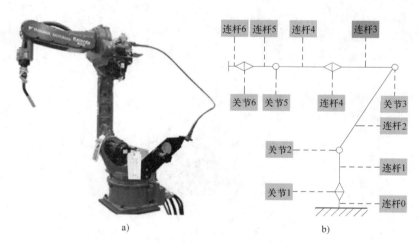

图 1-2-16 工业机器人操作机

a）实物图　b）结构简图

在操作工业机器人时，其末端执行器必须处于合适的空间位置和姿态（以下简称位姿），而这些位姿是由机器人若干关节的运动所合成的。可见，要了解工业机器人的运动控制，首先必须知道机器人各关节变量空间和末端执行器位姿之间的关系，即机器人运动学模型。一台机器人操作机几何结构一旦确定，其运动学模型也就确定下来，这是机器人运动控制的基础。简而言之，在机器人运动学中存在两类基本问题：

（1）运动学正问题

对给定的机器人操作机，已知各关节角矢量，求末端执行器相对于参考坐标系的位姿，称之为正向运动学（运动学正解或 Where 问题），如图 1-2-17a 所示。机器人示教时，机器人控制器即逐点进行运动学正解运算。

（2）运动学逆问题

对给定的机器人操作机，已知末端执行器在参考坐标系中的初始位姿和目标（期望）位姿，求各关节角矢量，称之为逆向运动学（运动学逆解或 How 问题），如图 1-2-17b 所示。机器人再现时，机器人控制器即逐点进行运动学逆解运算，并将角矢量分解到操作机各关节。

a)　　　　　　　　　　　　　　　　　b)

图 1-2-17　机器人运动学问题

a）正向运动学问题（示教）　　b）逆向运动学问题（再现）

### 2. 工业机器人的点位运动和连续路径运动

工业机器人的很多作业实质是控制机器人末端执行器的位姿，以实现点位运动或连续路径运动。

（1）点位运动（Point to Point，PTP）

点位运动只关心机器人末端执行器运动的起点和目标点位姿，而不关心这两点之间的运动轨迹。点位运动比较简单，比较容易实现。例如，在图 1-2-18 中，倘若要求机器人末端执行器由 A 点 PTP 运动到 B 点，那么机器人可沿①~③中的任一路径运动。该运动方式可完成无障碍条件下的点焊、搬运等作业操作。

（2）连续路径运动（Continuous Path，CP）

连续路径运动不仅关心机器人末端执行器达到目标点的精度，而且必须保证机器人能沿所期望的轨迹在一定精度范围内重复运动。例如，在图 1-2-18 中，倘若要求机器人末端执行器由 A 点直线运动到 B 点，那么机器人仅可沿路径②移动。该运动方式可完成机器人弧焊、涂装等操作。

机器人连续路径运动的实现是以

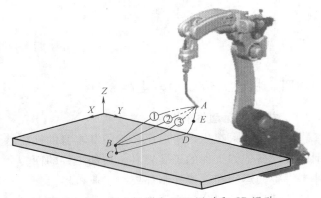

图 1-2-18　工业机器人 PTP 运动和 CP 运动

点位运动为基础，通过在相邻两点之间采用满足精度要求的直线或圆弧轨迹插补运算即可实现轨迹的连续变化。机器人再现时，主控制器（上位机）从存储器中逐点取出各示教点空间位姿坐标值，通过对其进行直线或圆弧插补运算，生成相应路径规划，然后把各插补点的位姿坐标值通过运动学逆解运算转换成关节角度值，分送至机器人各关节或关节控制器（下位机），如图1-2-19所示。由于绝大多数工业机器人是关节式运动形式，很难直接检测机器人末端的运动，只能对各关节进行控制，属于半闭环系统。

### 3. 机器人的位置控制

工业机器人控制方式有不同的分类，如按被控对象不同可分为位置控制、速度控制、加速度控制、力控制、力矩控制、力和位置混合控制等，而实现位置控制是工业机器人的基本控制任务。由于机器人是由多轴（关节）组成的，每轴的运动都将影响机器人末端执行器的位姿。如何协调各轴的运动，使机器人末端执行器完成作业要求的轨迹，是需要解决的问题。关节控制器（下位机）是执行计算机，负责伺服电动机的闭环控制及实

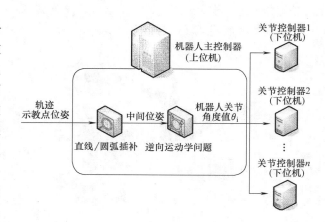

图1-2-19　工业机器人的连续路径运动

现所有关节的动作协调。它在接收主控制器（上位机）送来的各关节下一步期望达到的位姿后，又做一次均匀细分，以使运动轨迹更为平滑，然后将各关节下一细步期望值逐点送给驱动电动机，同时检测光电码盘信号，直至准确到位，如图1-2-20所示。

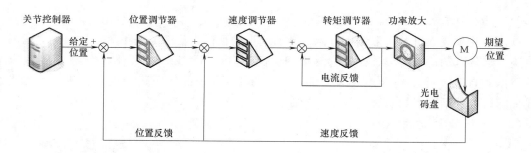

图1-2-20　工业机器人的位置控制

## 四、机器人运动轴与坐标系

### 1. 机器人运动轴的名称

工业机器人在生产中应用，除了其本身的性能特点要满足作业外，一般还需要相应的外围配套设备，如工件的工装夹具，转动工件的回转台、翻转台，移动工件的移动台等。这些外围设备的运动和位置控制都要与工业机器人配合，并具有相应的精度要求。通常机器人运动轴按其功能可划分为机器人轴、基座轴和工装轴，统称为外部轴，如图1-2-21所示。机

器人轴是指机器人操作机（本体）的轴，属于机器人本身，如任务一所述，目前典型商用
工业机器人大多采用六轴关节型如图 1-2-22 所示。基座轴是使机器人移动的轴的总称，主
要指行走轴（移动滑台或导轨）；工装轴是除机器人轴、基座轴以外的轴的总称，指使工
件、工装夹具翻转和回转的轴，如回转台、翻转台等。

六轴关节型机器人操作机有 6 个可活动的关节（轴）。由图 1-2-22 中可看出，KUKA 机
器人 6 轴分别定义为 A1、A2、A3、A4、A5 和 A6；而 ABB 机器人则定义为轴 1、轴 2、轴
3、轴 4、轴 5 和轴 6。其中，A1、A2 和 A3 三轴（轴 1、轴 2 和轴 3）称为基本轴或主轴，
用于保证末端执行器达到工作空间的任意位置；A4、A5 和 A6 三轴（轴 4、轴 5 和轴 6）称
为腕部轴或次轴，用于实现末端执行器的任意空间姿态。

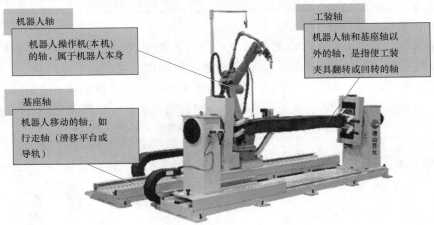

图 1-2-21    机器人系统中各运动轴的定义

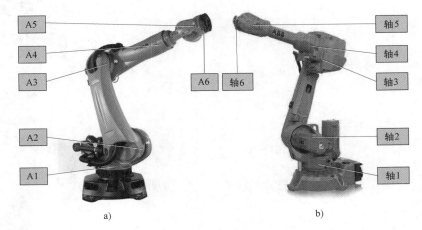

图 1-2-22    典型机器人操作机运动轴的定义
a）KUKA 机器人    b）ABB 机器人

### 2. 机器人坐标系的种类

工业机器人的运动实质是根据不同作业内容、轨迹等要求，在各种坐标系下的运动。也
就是说，对机器人进行示教或手动操作时，其运动方式是在不同的坐标系下进行的。目前，
在大部分工业机器人系统中，均可使用关节坐标系、直角坐标系、工具坐标系和用户坐标

系，而工具坐标系和用户坐标系同属于直角坐标系范畴。

（1）关节坐标系

在关节坐标系下，机器人各轴均可实现单独正向或反向运动。对于大范围运动，且不要求 TCP 姿态的，可选择关节坐标系。各轴动作见表 1-2-6。

> **提示**
>
> TCP（Tool Centre Point）为机器人系统的控制点，出厂时默认位于最后一个运动轴或安装法兰的中心。安装工具后，TCP 将发生变化。为实现精确运动控制，当换装工具或发生工具碰撞时，都需进行 TCP 标定。有关如何进行 TCP 标定操作，请参考本任务的知识拓展内容。

（2）直角坐标系

直角坐标系（世界坐标系、大地坐标系）是机器人示教与编程时经常使用的坐标系之一。直角坐标系的原点定义在机器人安装面与第一转轴的交点处，$X$ 轴向前，$Z$ 轴向上，$Y$ 轴按右手法则确定，如图 1-2-23 所示。在直角坐标系中，不管机器人处于什么位置，TCP 点均可沿设定的 $X$ 轴、$Y$ 轴、$Z$ 轴平行移动。各轴的动作情况可参照表 1-2-7。

表 1-2-6　工业机器人行业四大品牌本体运动轴定义

| 轴类型 | 轴　名　称 | | | | 动作说明 | 动　作　图　示 |
|---|---|---|---|---|---|---|
| | ABB | FANUC | YASKAWA | KUKA | | |
| 主轴（基本轴） | 轴 1 | J1 | S 轴 | A1 | 本体回转 |  |
| | 轴 2 | J2 | L 轴 | A2 | 大臂运动 |  |
| | 轴 3 | J3 | U 轴 | A3 | 小臂运动 |  |
| 次轴（腕部轴） | 轴 4 | J4 | R 轴 | A4 | 手腕旋转运动 |  |

（续）

| 轴类型 | 轴 名 称 | | | | 动作说明 | 动 作 图 示 |
|--------|------|------|------|------|----------|------------|
| | ABB | FANUC | YASKAWA | KUKA | | |
| 次轴<br>（腕部轴） | 轴5 | J5 | B轴 | A5 | 手腕上下摆运动 | |
| | 轴6 | J6 | T轴 | A6 | 手腕圆周运动 | |

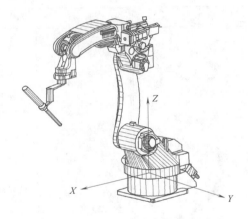

图 1-2-23　直角坐标系原点

表 1-2-7　工业机器人在直角坐标系下的各轴动作

| 轴类型 | 轴名称 | 动作说明 | 动 作 图 示 | 轴类型 | 轴名称 | 动作说明 | 动 作 图 示 |
|--------|--------|----------|------------|--------|--------|----------|------------|
| 主轴<br>（基本轴） | X轴 | 沿X轴平行移动 | | 次轴<br>（腕部轴） | U轴 | 绕Z轴旋转 | |
| | Y轴 | 沿Y轴平行移动 | | | V轴 | 绕Y轴旋转 | |

（续）

| 轴类型 | 轴名称 | 动作说明 | 动 作 图 示 | 轴类型 | 轴名称 | 动作说明 | 动 作 图 示 |
|---|---|---|---|---|---|---|---|
| 主轴（基本轴） | $Z$轴 | 沿$Z$轴平行移动 | 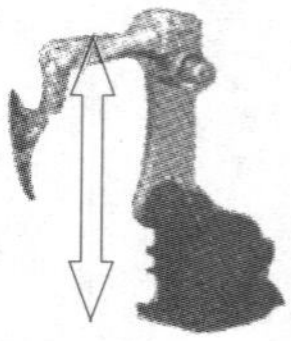 | 次轴（腕部轴） | $W$轴 | 绕末端工具所指方向旋转 | 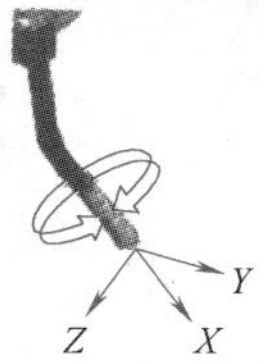 |

（3）工具坐标系

工具坐标系的原点定义在 TCP 点，并且假定工具的有效方向为$X$轴（有些机器人厂商将工具的有效方向定义为$Z$轴），而$Y$轴、$Z$轴由右手法则确定，如图 1-2-24 所示。工具坐标的方向随腕部的移动而发生变化，与机器人的位姿无关。因此，在进行相对于工件不改变工具姿态的平移操作时，选用该坐标系最为适宜。在工具坐标系中，TCP 点将沿工具坐标的$X$、$Y$、$Z$轴方向运动。各轴动作可参照表 1-2-8。

表 1-2-8　工业机器人在工具坐标系下的各轴动作

| 轴类型 | 轴名称 | 动作说明 | 动 作 图 示 | 轴类型 | 轴名称 | 动作说明 | 动 作 图 示 |
|---|---|---|---|---|---|---|---|
| 主轴（基本轴） | $X$轴 | 沿$X$轴平行移动 | 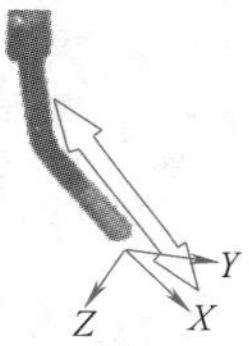 | 次轴（腕部轴） | $R_x$轴 | 绕$X$轴旋转 | 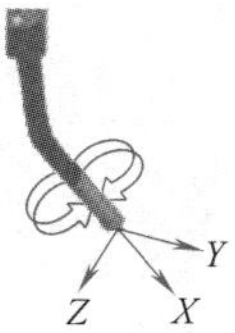 |
| | $Y$轴 | 沿$Y$轴平行移动 | 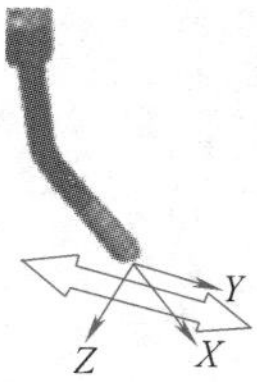 | | $R_y$轴 | 绕$Y$轴旋转 | 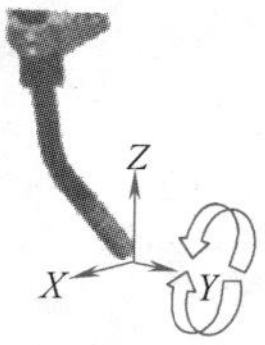 |
| | $Z$轴 | 沿$Z$轴平行移动 | 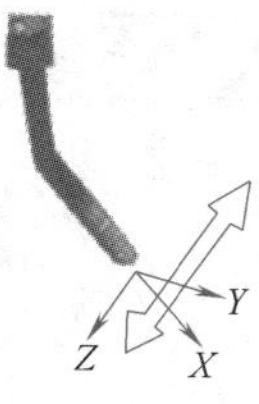 | | $R_z$轴 | 绕$Z$轴旋转 | 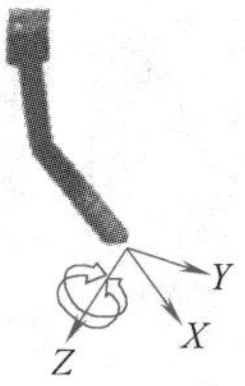 |

（4）用户坐标系

为作业示教方便，用户自行定义的坐标系，如工作台坐标系和工件坐标系，且可根据需要定义多个用户坐标系，如图 1-2-25 所示。当机器人配备多个工作台时，选择用户坐标系可使操作更为简单。在用户坐标系中，TCP 点沿用户自定义的坐标轴方向运动。各轴动作可参照表 1-2-9。

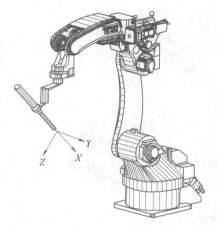

图 1-2-24　工具坐标系原点

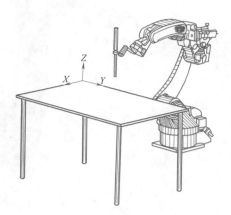

图 1-2-25　用户坐标系原点

表 1-2-9　工业机器人在用户坐标系下的各轴动作

| 轴类型 | 轴名称 | 动作说明 | 动作图示 | 轴类型 | 轴名称 | 动作说明 | 动作图示 |
|---|---|---|---|---|---|---|---|
| 主轴（基本轴） | $X$ 轴 | 沿 $X$ 轴平行移动 | | 次轴（腕部轴） | $R_x$ 轴 | 绕 $X$ 轴旋转 | |
| | $Y$ 轴 | 沿 $Y$ 轴平行移动 | | | $R_y$ 轴 | 绕 $Y$ 轴旋转 | |
| | $Z$ 轴 | 沿 $Z$ 轴平行移动 | | | $R_z$ 轴 | 绕 $Z$ 轴旋转 | |

**提示**

　　1）不同的机器人坐标系功能等同，即机器人在关节坐标系下完成的动作，同样可在直角坐标系下实现。

　　2）机器人在关节坐标系下的动作是单轴运动，而在直角坐标系下则是多轴协调运动，如图 1-2-26 所示。除关节坐标系以外，其他坐标系均可实现控制点不变动作（只改变工具姿态而不改变 TCP 位置），在进行机器人 TCP 标定时经常用到。

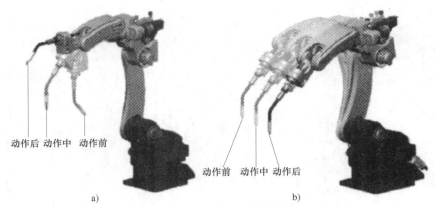

图 1-2-26　机器人单轴和多轴协调运动

a）关节坐标系下单轴运动　b）直角坐标系下多轴协调运动

## 任务实施

### 一、任务准备

实施本任务教学所使用的实训设备及工具材料可参考表 1-2-10。

表 1-2-10　实训设备及工具材料

| 序号 | 分类 | 名　　称 | 型号规格 | 数量 | 单位 | 备注 |
|---|---|---|---|---|---|---|
| 1 | 工具 | 电工常用工具 | | 1 | 套 | |
| 2 | 设备器材 | 六轴机器人本体 | ABB | 1 | 台 | |
| 3 | | 控制柜 | IRC5 | 1 | 套 | |
| 4 | | 示教器 | | 1 | 套 | |
| 5 | | 示教器电缆 | | 1 | 条 | |
| 6 | | 机器人动力电缆 | | 1 | 条 | |
| 7 | | 机器人编码器电缆 | | 1 | 条 | |

### 二、认识机器人控制柜

本任务采用的是 ABB 公司生产的 IRC5 控制柜，如图 1-2-27 所示。IRC5 以先进动态建模技术为基础，对机器人性能实施自动优化，大幅提升了 ABB 机器人执行任务的效率。IRC5 控制柜包括机器人电源开关、自动/手动钥匙按钮、I/O 板、机器人动力电缆、机器人编码器电缆、机器人示教器电缆等，部件功能说明见表 1-2-11。机器人的运动算法全部集成在控制柜里面，实现强大的数据运算和各种运行逻辑的控制。

图 1-2-27　IRC5 控制柜

表 1-2-11　IRC5 控制柜部件的功能说明

| 标号 | 部 件 名 称 | 说　　明 |
|---|---|---|
| 1 | 机器人示教器电缆 | 示教器与机器人控制柜的通信连接 |
| 2 | 机器人 I/O 板 | 机器人 I/O(输入/输出)接口,与外部进行 I/O 通信 |
| 3 | 自动/手动钥匙旋钮 | 用于切换机器人自动运行与手动运行 |
| 4 | 机器人急停按钮 | 机器人的紧急制动 |
| 5 | 机器人抱闸按钮 | 按下按钮后机器人的所有关节失去抱闸功能,便于拖动示教机器人或拖动机器人离开碰撞点,避免二次碰撞,损坏机器人 |
| 6 | 机器人伺服上电按钮 | 机器人伺服上电(主要应用于自动模式) |
| 7 | 机器人电源开关 | 控制机器人设备电源的通断 |
| 8 | 机器人编码器电缆 | 机器人 6 轴伺服电动机编码器的数据传输 |
| 9 | 机器人动力电缆 | 机器人伺服电动机的动力供应 |

## 三、工业机器人系统的启动

### 1. 工业机器人系统的连接

按照如图 1-2-28 所示的工业机器人系统的接线图进行工业机器人系统的连接。

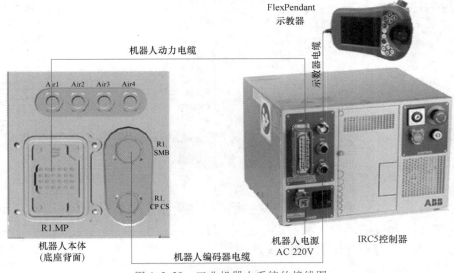

图 1-2-28　工业机器人系统的接线图

### 2. 系统的启动

1) 系统控制柜模式选择开关选择"演示模式"后,在指导教师的许可下接通系统电源,如图 1-2-29 所示。将操作控制柜内的"漏电保护开关"、"断路器"依次往上打,开启电源。

2) 将机器人控制柜背面的电源开关从水平旋转到垂直状态（即从 OFF 旋转到 ON）,机器人系统开机完成。将"自动/手动钥匙旋钮"旋转到"手动",让机器人进入手动模式,如图 1-2-30 所示。

## 四、手动操纵工业机器人

### 1. 单轴运动控制

1) 左手持机器人示教器,右手单击示教器界面左上角的" ≡∨ "来打开 ABB 菜单栏;

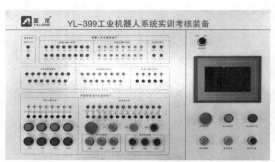

图 1-2-29　操作控制柜电源操作面板

图 1-2-30　控制柜电源操作面板（背面）

单击"手动操纵"，进入手动操纵界面；如图 1-2-31 所示。

2）单击"动作模式"，进入模式选择界面。选择"轴 1-3"，单击"确定"，动作模式设置成了轴 1-3，如图 1-2-32 所示。

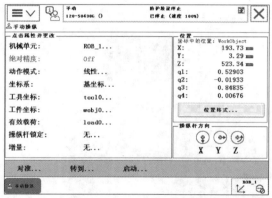

图 1-2-31　进入手动操纵界面

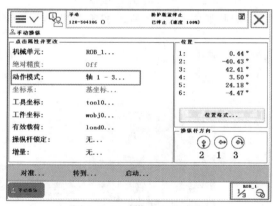

图 1-2-32　模式选择界面

3）移动如图 1-2-32 中的操纵杆，发现左右摇杆控制 1 轴左右运动，前后摇杆控制 2 轴上下运动，逆时针或顺时针旋转摇杆控制 3 轴上下运动。

4）单击"动作模式"，进入模式选择界面。选择"轴 4-6"，单击"确定"，动作模式设置成了轴 4-6，如图 1-2-33 所示。

5）移动图 1-2-33 中的操纵杆，发现左右摇杆控制 4 轴左右运动，前后摇杆控制 5 轴上下运动，逆时针或顺时针旋转摇杆控制 6 轴逆或顺时针运动。

图 1-2-33　"动作模式"的选择

 提示

　　轴切换技巧：示教器上的 按键能够完成"轴 1-3"和"轴 4-6"的切换。

### 2. 线性运动与重定位运动控制

1）单击"动作模式"，进入模式选择界面。选择"线性"，单击"确定"，动作模式设置成了线性运动，如图 1-2-34 所示。

2）移动图 1-2-34 中的操纵杆，发现左右摇杆控制机器人法兰中心左右运动，前后摇杆控制机器人法兰中心前后运动，逆时针或顺时针旋转摇杆控制机器人法兰中心上下运动。

3）单击"动作模式"，进入模式选择界面。选择"重定位"，单击"确定"，动作模式设置成了重定位运动，如图 1-2-35 所示。

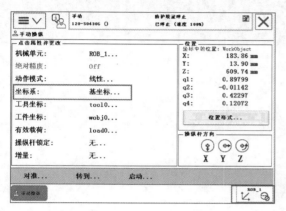

图 1-2-34　线性运动模式操纵界面

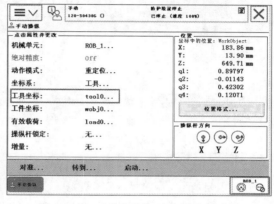

图 1-2-35　"重定位"动作模式的选择

4）移动图 1-2-35 中的操纵杆，发现机器人围绕着法兰中心运动。

## 检查测评

对任务实施的完成情况进行检查，并将结果填入表 1-2-12。

表 1-2-12　任务测评表

| 序号 | 主要内容 | 考核要求 | 评分标准 | 配分 | 扣分 | 得分 |
|---|---|---|---|---|---|---|
| 1 | 认识控制柜 | 正确描述控制柜的组成及各部件的功能说明 | 1. 说出控制柜的组成有错误或遗漏，每处扣 5 分<br>2. 描述控制柜部件的功能有错误或遗漏，每处扣 5 分 | 20 | | |
| 2 | 机器人系统启动 | 正确连接工业机器人控制系统，并能完成系统的启动 | 1. 系统接线有错误或遗漏，每处扣 5 分<br>2. 未能启动系统，每处扣 10 分 | 20 | | |
| 3 | 手动操纵工业机器人 | 1. 单轴运动控制<br>2. 线性运动与重定位运动控制 | 1. 不能完成单轴运动控制，扣 20 分<br>2. 不能完成线性运动控制，扣 20 分<br>3. 不能完成重定位运动控制，扣 20 分<br>4. 不能根据控制要求，完成工业机器人手动操纵操作，扣 50 分 | 50 | | |
| 4 | 安全文明生产 | 劳动保护用品穿戴整齐，遵守操作规程，讲文明礼貌，操作结束要清理现场 | 1. 操作中，违反安全文明生产考核要求的任何一项扣 5 分，扣完为止<br>2. 当发现学生有重大事故隐患时，要立即予以制止，并每次扣安全文明生产总分 5 分 | 10 | | |
| 合　计 | | | | | | |
| 开始时间： | | | 结束时间： | | | |

# 模块二

# 工业机器人的编程与操作

## 学习目标

知识目标：1. 熟悉 ABB 机器人 TCP 的建立方法。

2. 掌握 ABB 机器人重定位测试方法。

3. 掌握 ABB 机器人 LoadIdentity 功能。

能力目标：1. 能够熟练调节机器人位置与姿态。

2. 能完成焊枪夹具的 TCP 设定。

3. 会进行焊枪夹具重定位测试。

4. 会自动测量工具的重量和重心。

## 工作任务

图 2-1-1 所示为某工业机器人 TCP 单元工作站。本任务是采用示教编程方法，操作机器人实现 TCP 的示教。

图 2-1-1　工业机器人 TCP 单元工作站

具体控制要求如下：

1. 利用 TCP 定位工具建立焊枪夹具的工具中心点。

2. 使用重定位功能实现焊枪夹具 TCP 的姿态变化。

3. 调用 LoadIdentity 例行程序自动识别工具重量和重心。

## 相关知识

### 一、工具数据的定义

工具数据（TOOLDATA）是用于描述安装在机器人第六轴上的工具的 TCP、重量、重心等参数的数据。执行程序时，机器人就是将 TCP 移至编程位置，程序中所描述的速度与位置就是 TCP 点在对应工件坐标系的速度与位置。所有机器人在手腕都有一个预定义工具坐标系，该坐标系被称为 tool0。这样就能将一个或多个新工具坐标系定义为 tool0 的偏移值。如图 2-1-2 所示是常见工具的 TCP 点。

### 二、机器人 TCP（工具中心点）标定

工业机器人是通过末端安装不同的工具完成各种作业任务。要想让机器人正常作业，就要让机器人末端工具能够精确地达到某一确定位姿，并能够始终保持这一状态。从机器人运动学角度理解，就是在工具中心点（TCP）固定一个坐标系，控制其相对于机器人坐标系或世界坐标系的姿态，此坐标系称为末端执行器坐标系（Tool/Terminal Control Frame，TCF），也就是工具坐标系。因此，工具坐标系的准确度直接影响机器人的轨迹精度。默认工具坐标系的原点位于机器人安装法兰的中心，当接装不同的工具（如焊枪）时，工具需获得一个用户定义的直接坐标系，其原点在用户定义的参考点（TCP）上，如图 2-1-3 所示，这一过程的实现就是工具坐标系的标定，它是机器人控制器所必需具备的一项功能。

默认的TCP点

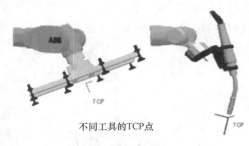

不同工具的TCP点

图 2-1-2　常见工具的 TCP 点

机器人工具坐标系的标定是指将工具中心点（TCP）的位置和姿态告诉机器人，指出它们与机器人末端关节坐标系的关系。目前，机器人工具坐标系的标定方法主要有外部基准标

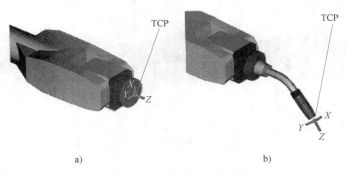

a)　　　　　　　　　　　　b)

图 2-1-3　机器人工具坐标系的标定
a）未进行 TCP 标定　b）TCP 标定

定法和多点标定法。

### 1. 外部基准标定法

只需要使工具对准某一测定好的外部基准点，便可完成标定，标定过程快捷简便。但这类标定方法依赖于机器人外部基准。

### 2. 多点标定法

大多数工业机器人都具备工具坐标系多点标定功能。这类标定包含工具中心点（TCP）位置多点标定和工具坐标系（TCF）姿态多点标定。TCP 位置标定是使几个标定点 TCP 位置重合，从而计算出 TCP，即工具坐标系原点相对于末端关节坐标系的位置，如四点法；而 TCF 姿态标定是使几个标定点之间具有特殊的方位关系，从而计算出工具坐标系相对于末端关节坐标系的状态，如五点法（在四点法的基础上，除能确定工具坐标系的位置外还能确定工具坐标系的 Z 轴方向）、六点法（在四点、五点的基础上，能确定工具坐标系的位置和工具坐标系 X、Y、Z 三轴的姿态）。

为获得准确的 TCP，下面以六点法为例进行操作。

1）在机器人动作范围内找一个非常精确的固定点作为参考点。

2）在工具上确定一个参考点（最好是工具中心 TCP）。

3）按模块一介绍的手动操纵机器人的方法移动工具参考点，以 4 种不同的工具姿态尽可能与固定点刚好碰上。第四点是用工具的参考点垂直于固定点，第五点是工具参考点从固定点向将要设定的 TCP 的 X 方向移动，第六点是工具参考点从固定点向将要设定的 TCP 的 Z 轴方向移动，如图 2-1-4 所示。

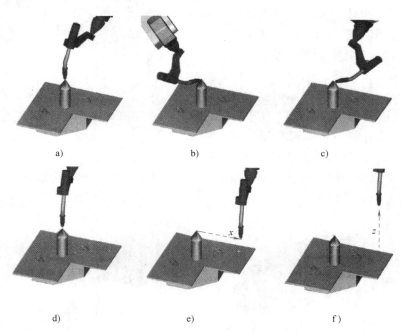

图 2-1-4　TCP 标定过程图示

4）机器人控制柜通过前 4 个点的位置数据即可计算出 TCP 的位置，通过后 2 个点即可确定 TCP 的姿态。

5）根据实际情况设定工具的质量和重心位置数据。

**提示**

（1）TCP 标定操作要以次轴（腕部轴）为主。

（2）在参考点附近要降低速度，以免相撞。

（3）TCP 标定后，可通过在关节坐标系以外的坐标系中，进行控制点不变动的作业，来检验标定效果。如果 TCP 设定精度的话，可以看到工具参考点与固定点始终保持接触，而机器人仅改变工具参考点姿态。

如果使用搬运类的夹具，一般 TCP 设定的方法为：以如图 2-1-5 所示的搬运物料袋的夹紧爪为例，其结构对称，仅重心在默认工具坐标系的 Z 方向偏移一定距离，此时可以在设置页面直接手动输入偏移量、质量数据即可。

## 任务实施

### 一、任务准备

实施本任务教学所使用的实训设备及工具材料可参考表 2-1-1。

表 2-1-1 实训设备及工具材料

| 序号 | 分类 | 名称 | 型号规格 | 数量 | 单位 | 备注 |
|------|------|------|----------|------|------|------|
| 1 | 工具 | 内六角扳手 | 5.0mm | 1 | 个 | 钳工台 |
| 2 | 设备材料 | 内六角螺钉 | M5 | 10 | 颗 | 模块存放柜 |
| 3 | | 轨迹套件 | 包含 TCP 示教器 | 1 | 个 | 模块存放柜 |
| 4 | | 焊枪夹具 | | 1 | 个 | 模块存放柜 |

### 二、TCP 单元的安装

在模块存放柜内找到轨迹套件，用内六角扳手把轨迹示教板从托盘上拆除，并安装到机器人操作对象承载平台上如图 2-1-6 所示。

### 三、焊枪夹具的安装

本套件训练采用焊枪夹具，该夹具包含机器人末端连接法兰、焊枪夹具两部分。首先采

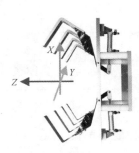

图 2-1-5 夹紧爪 TCP 标定图示

图 2-1-6 TCP 单元整体布局

用 4 颗 M5 不锈钢内六角螺钉把机器人末端连接法兰安装到机器人 J6 轴法兰盘上，再采用 2 颗 M5 不锈钢内六角螺钉把焊枪夹具安装到机器人末端连接法兰上。如图 2-1-7 所示。

图 2-1-7　焊枪夹具的安装

## 四、四点法设定 TCP

四点法包含"TCP（默认方向）、TCP 和 Z、TCP 和 Z、X"三种不同示教方法。用四点法并选择 Z、X 方向设定 TCP 的方法及步骤如下：

1）单击示教器功能菜单按钮 ≡∨，再单击工具坐标，进入工具设定界面，如图 2-1-8 所示。

2）单击如图 2-1-9 所示的"新建"按钮，再单击按钮 ... 设置工具名称为"tWeldGun"，然后单击"初始值"按钮，进入工具初始值参数设置界面，如图 2-1-10 所示。

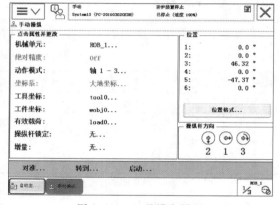

图 2-1-8　工具设定界面

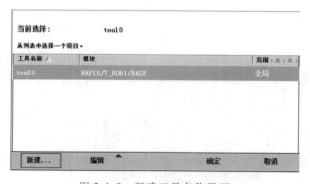

图 2-1-9　新建工具名称界面

图 2-1-10　工具初始值参数设置界面

这里需要设定的参数有两个，一个是工具的重量"mass"值，单位为 kg；另一个是工具相对于六轴法兰盘中心的重心偏移"cog"值，包括 X、Y、Z 三个方向的偏移值，单位为 mm。

3）单击图 2-1-11 中的按钮 ，找到"mass"值，单击修改成工具重量值，这里修改为 1。找到"cog"值，在"cog"值中，要求 X、Y、Z 的三个数值不同时为零，这里 X 偏移值修改为 10，再单击两次确定，回到工具设定界面，如图 2-1-12 所示。

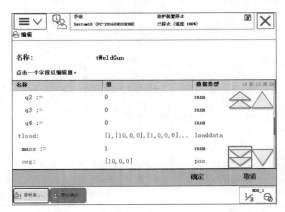

图 2-1-11　工具的重量"mass"值的设定

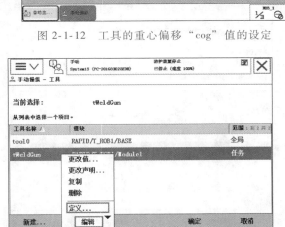

图 2-1-12　工具的重心偏移"cog"值的设定

4）选中"tWeldGun"工具，然后单击"编辑"按钮，再单击"定义"按钮，进入工具定义界面，如图 2-1-13 所示。

5）采用四点法并选择 单击选择"TCP 和 Z、X"。单击如图 2-1-14 所示中的"点 1"，利用操纵杆运行机器人，使焊枪的尖端与 TCP 定位器的尖端相碰，如图 2-1-15 所示。然后单击"修改位置"，完成机器人姿态 1 的记录。

6）单击如图 2-1-16 所示中的"点 2"，利用操纵杆改变机器人姿态，如图 2-1-17 所示。然后单击"修改位置"，完成姿态 2 的记录。

图 2-1-13　进入工具定义界面

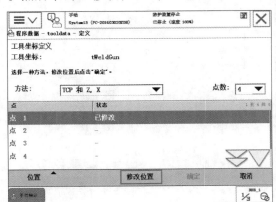

图 2-1-14　"点 1"修改位置界面

图 2-1-15　机器人姿态 1 画面

图 2-1-16 "点 2"修改位置界面

图 2-1-17 机器人姿态 2 画面

7）单击如图 2-1-18 所示中的"点 3"，利用操纵杆改变机器人姿态，如图 2-1-19 所示。然后单击"修改位置"，完成姿态 3 的记录。

图 2-1-18 "点 3"修改位置界面

图 2-1-19 机器人姿态 3 画面

8）单击如图 2-1-20 所示中的"点 4"，利用操纵杆改变机器人姿态，如图 2-1-21 所示。然后单击"修改位置"，完成姿态 4 的记录。

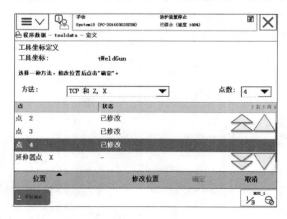

图 2-1-20 "点 4"修改位置界面

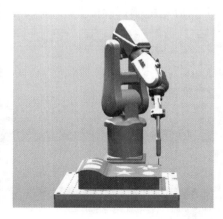

图 2-1-21 机器人姿态 4 画面

9）单击如图 2-1-22 所示中的"延伸器点 $X$"，利用操纵杆改变机器人姿态，如图 2-1-23 所示。然后单击"修改位置"，完成 $X$ 方向延伸点的姿态记录。

图 2-1-22　"延伸器点 $X$"修改位置界面

图 2-1-23　"$X$ 方向延伸点姿态"修改位置界面

10）单击如图 2-1-24 所示中的"延伸器点 $Y$"，利用操纵杆改变机器人姿态，如图 2-1-25所示。然后单击"修改位置"，完成 $Y$ 方向延伸点的姿态记录。

图 2-1-24　"延伸器点 $Y$"修改位置界面

图 2-1-25　"$Y$ 方向延伸点姿态"修改位置界面

11）单击确定保存示教好的点，完成工具坐标的建立。

## 五、重定位测试工具中心点

重定位测试工具中心点的方法及步骤如下：

1）单击示教器功能菜单按钮 ≡∨ ，再单击工具坐标，进入工具设定界面，如图 2-1-26所示。

2）选中如图 2-1-27 所示画面中的"tWeldGun"工具，单击"确定"。然后按下 按键，动作模式变为重定位，如图

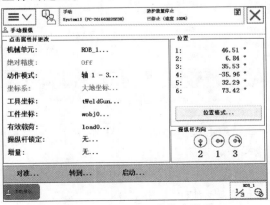

图 2-1-26　进入工具设定界面

2-1-28所示。再按下示教器后面的电动机使能键，操作操纵杆可以看到焊枪的尖端固定不动，机器人绕着尖端改变姿态，说明 TCP 建立成功。

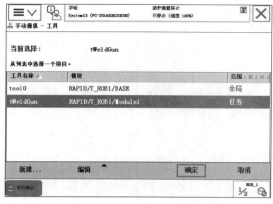

图 2-1-27　选择"tWeldGun"工具画面

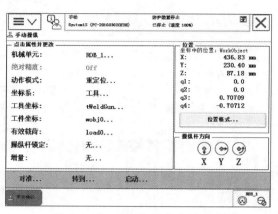

图 2-1-28　重定位模式选择画面

## 六、自动识别工具的重量和重心

ABB 机器人提供了自动识别工具的重量和重心的功能，通过调用 LoadIdentity 程序即可实现。具体操作步骤如下：

1）安装焊枪工具并新建完"tWeldGun"工具后，在工具坐标中选中该工具，按下按键，机器人进入单轴运动模式，利用操纵杆将机器人 6 个轴运动到接近 0°的位置，准备工作完成，如图 2-1-29 所示。

2）在主菜单页面，单击"程序编辑器"，进入主程序编辑界面，单击"调试"按钮，再单击调用例行程序，如图 2-1-30 所示。

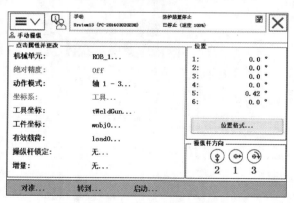

图 2-1-29　进入单轴运动模式界面

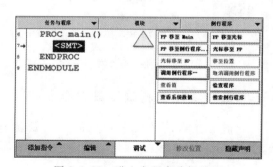

图 2-1-30　进入主程序编辑界面

3）单击选中如图 2-1-31 所示中的"LoadIdentify"例行程序，单击"转到"按钮，打开该程序，如图 2-1-32 所示。

4）按下示教器后面的电动机使能键，然后按下程序运行按键，程序自动运行，接着按照英文提示依次单击"OK""Tool""OK""OK"。在载荷确认界面中，输入数字 2，单击"确定"。如图 2-1-33 所示。

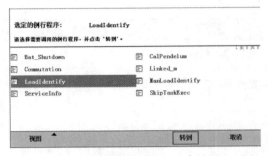

图 2-1-31 选定的例行程序界面

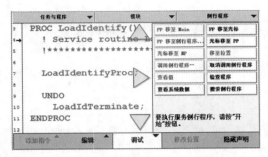

图 2-1-32 例行程序打开后界面

5）单击"-90"或者"+90"，再单击"YES"、"MOVE"，示教器自动运行到改变运行模块界面，如图 2-1-34 所示。此时，将机器人控制柜上面模式切换钥匙拨到自动状态，按下伺服电动机上电按钮，再按下程序运行按钮，机器人自动运行，直至完成工具重量和重心的测量，再将机器人运行模式改回手动运行，单击"OK"，按下程序运行按钮程序，可以在示教器上看到工具重量数据和重心数据，单击"YES"，工具重量和重心将自动更新。

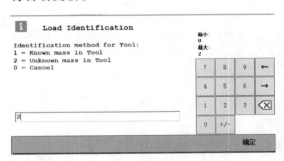

图 2-1-33 载荷确认界面

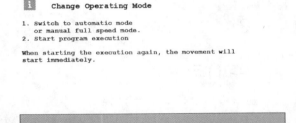

图 2-1-34 改变运行模块界面

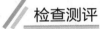 检查测评

对任务实施的完成情况进行检查，并将结果填入表 2-1-2。

表 2-1-2 任务测评表

| 序号 | 主要内容 | 考核要求 | 评分标准 | 配分 | 扣分 | 得分 |
|---|---|---|---|---|---|---|
| 1 | TCP 单元的安装 | 正确安装 TCP 单元 | 1. TCP 单元安装不牢固,每处扣 5 分<br>2. 不会安装,扣 10 分 | 10 | | |
| 2 | 焊枪夹具的安装 | 正确焊枪夹具 | 1. 连接法兰安装不牢固,每处扣 2 分,共 4 处<br>2. 焊枪夹具安装不牢固,每处扣 1 分,共 2 处<br>3. 共 10 分 | 10 | | |
| 3 | 四点法加 $X$、$Y$ 延伸方向设定 TCP | 正确新建焊枪夹具的 TCP | 1. 不能使用四点法新建焊枪夹具的 TCP,扣 30 分<br>2. 设定 TCP 有遗漏或错误,每处扣 10 分 | 30 | | |

（续）

| 序号 | 主要内容 | 考核要求 | 评分标准 | 配分 | 扣分 | 得分 |
|---|---|---|---|---|---|---|
| 3 | 四点法加 $X$、$Y$ 延伸方向设定 TCP | 正确调试焊枪夹具 TCP | 1. 不能使用重定位功能实现焊枪绕着 TCP 点改变姿态，扣 20 分<br>2. 调试焊枪夹具 TCP 方法有遗漏或错误，每处扣 10 分 | 20 | | |
| 4 | 自动识别工具重量和重心 | 会调用 LoadIdentify 程序，运行该程序识别工具的重量和重心 | 1. 不会调用 LoadIdentify 程序，运行该程序识别工具的重量和重心，扣 20 分<br>2. 自动识别工具重量和重心方法有遗漏或错误，每处扣 10 分 | 20 | | |
| 5 | 安全文明生产 | 劳动保护用品穿戴整齐，遵守操作规程，讲文明礼貌，操作结束要清理现场 | 1. 操作中，违反安全文明生产考核要求的任何一项扣 5 分，扣完为止<br>2. 当发现学生有重大事故隐患时，要立即予以制止，并每次扣安全文明生产总分 5 分 | 10 | | |
| 合 计 | | | | | | |
| 开始时间： | | | 结束时间： | | | |

## 任务二　　工业机器人基础学习套件的编程与操作

### 学习目标

知识目标：1. 掌握运动控制程序的新建、编辑、加载方法。

2. 掌握工业机器人关节位置数据形式、意义及记录方法。

3. 掌握 ABB 六轴工业机器人安装与接线方法。

能力目标：1. 能够新建、编辑和加载程序。

2. 能够完成轨迹模型及焊枪夹具的安装。

3. 能够完成轨迹训练模型系统设计与调试。

### 工作任务

程序是为了使机器人完成某种任务而设置的动作顺序描述。在示教操作中，产生的示教数据（如轨迹数据、作业条件、作业顺序等）和机器人指令都将保存在程序中，当机器人自动运行时，将执行程序以再现所记忆的动作。常见的编程方法有两种——示教编程方法和离线编程方法。

图 2-2-1 所示为某工业机器人基础学习套件工作站，该套件轨迹训练模型结构示意图如图 2-2-2 所示。本任务采用示教编程方法，操作机器人实现模型运动轨迹的示教。

具体控制要求如下。

#### 1. 实训模式

使用安全连线对各个信号正确连接。要求，控制面板上急停按钮 QS 拍下后机器人出现紧急停止报警。机器人在自动模式时可通过面板按钮 SB1 控制机器人电动机上电、SB2 按钮控制机器人从主程序开始运行、SB3 按钮可控制机器人停止、SB4 按钮可控制机器人开始运行、H1 指示灯显示机器人自动运行状态、H2 指示灯显示电动机上电状态。

### 2. 演示模式

采用可编程序控制器对机器人状态进行控制。要求，机器人切换至自动模式时 HR 指示灯亮起，表示系统准备就绪，且处于停止状态。按下 SB1 系统启动按钮，HG 运行指示灯亮起，HR 指示灯灭掉。同时机器人进行上电运行，开始码垛工作。机器人码垛工作结束回到工作原点位置后停止，且 HR 灯亮起表示系统停止。

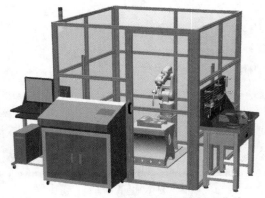

图 2-2-1 工业机器人基础学习套件工作站

图 2-2-2 轨迹训练模型结构示意图

## 相关知识

### 一、工业机器人轨迹训练模型工作站

工业机器人轨迹训练模型工作站是为了进行机器人轨迹数据示教编程而建立的，可通过焊枪夹具描绘图形，训练对机器人基本的点示教，平面直线、曲线运动及曲面直线、曲线运动的轨迹示教，还可以通过TCP 辅助示教装置训练机器人的工具坐标建立。

工作站主要由安全门防护系统、系统电气控制柜、机器人本体、机器人控制器、机器人操作对象承载台、轨迹训练模型、钳工台、模块存放柜组成，如图2-2-3所示。

图 2-2-3 工业机器人轨迹训练模型工作站的组成

#### 1. 工业机器人的系统组成

本工作站所采用的是一款额定负载 3kg、小型六自由度的 IRB 型工业机器人。它由机器人本体、控制器、示教器和连接电缆组成，如图 2-2-4 所示。

#### 2. 轨迹训练模型

轨迹训练模型由优质铝材加工制造而成，表面经阳极氧化处理，在其平面、曲面上蚀刻不同图形规则的图案（平行四边形、五角星、椭圆、风车图案、凹字形图案、枫叶图案等多种不同轨迹图案）。机器人可通过焊枪夹具描绘图形，训练对机器人基本的点示教，平面

示教器　　　　　　　　控制器　　　　　　连接电缆　　　　机器人本体

图 2-2-4　工业机器人系统组成示意图

直线、曲线运动/曲面直线、曲线运动的轨迹示教。模型还可以通过 TCP 辅助示教装置训练机器人的工具坐标建立，如图 2-2-5 所示。

### 3. 系统电气控制柜

系统电气控制柜，主要分为演示及实训两种模式。

选择"演示模式"时，机器人及安全防护门、工作站检测/执行信号等，均由控制柜内可编程序控制器对系统进行集成控制。

选择"实训模式"时，所有信号均转接至电气控制柜面板上各信号对应安全插座上，可直接采用安全插线连接对应的信号。使用面板下方的按钮/指示灯直接控制机器人系统动作及其状态显示，如图 2-2-6 所示。

图 2-2-5　轨迹训练模型

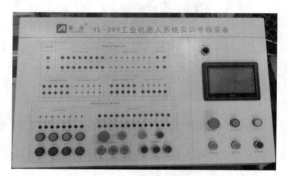

图 2-2-6　电控柜面板示意图

## 二、程序的基本信息

常见的程序编程方法有两种——示教编程方法和离线编程方法。示教编程方法是由操作人员引导，控制机器人运动，记录机器人作业的程序点，并插入所需的机器人命令来完成程序的编写。离线编程方法是操作人员不对实际作业的机器人直接进行示教，而是在离线编程系统中进行编程或在模拟环境中进行仿真，生成示教数据，通过计算机间接对机器人进行示教。示教编程方法包括示教、编辑和轨迹再现，可以通过示教器示教再现，由于示教方式使用性强，操作简便，因此大部分机器人都常用这种方法。

程序的基本信息包括程序名、程序注释、子程序、程序指令工具坐标、速度和程序结束标志，各部分功能详见表 2-2-1。

表 2-2-1　程序基本信息及功能

| 序号 | 程序基本信息 | 功　　能 |
|------|------------|---------|
| 1 | 程序名 | 用以识别存入控制器内存中的程序，在同一目录下不能出现两个或更多拥有相同程序名的程序。程序名长度不超过 32 个字符，由字母、数字、下划线组成 |

（续）

| 序号 | 程序基本信息 | 功　能 |
|---|---|---|
| 2 | 程序注释 | 程序注释连同程序名一起用来描述、选择界面上显示的附加信息。最长 16 个字符，由字母、数字及符号组成。新建程序后可在程序选择之后修改程序注释 |
| 3 | 子类型 | 用于设置程序文件的类型 |
| 4 | 程序指令 | 包括运动指令、逻辑指令等示教中所涉及的所有指令 |
| 5 | 工具坐标 | 工具坐标是把机器人腕部法兰所握工具的有效方向定为 Z 轴，把坐标定义在工具尖端点，所以工具坐标的方向随腕部的移动而发生变化 |
| 6 | 速度 | 机器人可以设置不同的运动速度 |
| 7 | 程序结束标志 | 程序结束标志（END）自动显在程序的最后一条指令的下一行。只要有新的指令添加到程序中，程序结束标志就会在屏幕上向下移动，所以程序结束标志总放在最后一行，当系统执行完最后一条程序指令后，执行程序结束标志时，就会自动返回到程序的第一行并终止 |

## 三、常用运动指令

### 1. 线性运动指令（MoveL）

线性运动指令也称直线运动指令。工具的 TCP 按照设定的姿态从起点匀速移动到目标位置点，TCP 运动路径是三维空间中 p10 点到 p20 点的直线运动，如图 2-2-7 所示。直线运动的起始点是前一运动指令的示教点，结束点是当前指

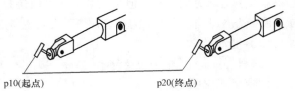

p10(起点)　　　　　　p20(终点)

图 2-2-7　直线运动指令示例图

令的示教点。运动特点：运动路径可预见；在指定的坐标系中实现插补运动。

（1）指令格式

MoveL[ \Conc, ]ToPoint,Speed[ \V] [ \T],Zone[ \Z] [ \Inpos],Tool[ \Wobj] [ \Corr];

指令格式说明：

1）[ \Conc, ]：协作运动开关。

2）ToPoint：目标点，默认为＊。

3）Speed：运行速度数据。

4）[ \V]：特殊运行速度 mm/s。

5）[ \T]：运行时间控制 s。

6）Zone：运行转角数据。

7）[ \Z]：特殊运行转角 mm。

8）[ \Inpos]：运行停止点数据。

9）Tool：工具中心点（TCP）。

10）[ \Wobj]：工件坐标系。

11）[ \Corr]：修正目标点开关。

例如：

MoveL p1,v2000,fine,grip1;

MoveL \Conc, p1,v2000,fine,grip1;

MoveL p1,v2000\V:=2200,z40\z:45,grip1;

MoveL p1,v2000,z40,grip1\Wobj:=wobjTable;

MoveL p1,v2000,fine\ Inpos：=inpos50，grip1;

MoveL p1,v2000,z40,grip1\corr;

（2）应用

机器人以线性方式运动至目标点，当前点与目标点两点决定一条直线，机器人运动状态可控，运动路径保持唯一，可能出现死点，常用于机器人在工作状态移动。

**2. 关节运动指令（MoveJ）**

程序一般起始点使用 MoveJ 指令。机器人将 TCP 沿最快速轨迹送到目标点，机器人的姿态会随意改变，TCP 路径不可预测。机器人最快速的运动轨迹通常不是最短的轨迹，因而关节轴运动不是直线。由于机器人关节轴的旋转运动，弧形轨迹会比直线轨迹更快。运动轨迹示意图如图 2-2-8 所示。运动特点：1）运动的具体过程是不可预见的。2）六个轴同时启动并且同时停止。使用 MoveJ 指令可以使机器人的运动更加高效快速，也可以是机器人的运动更加柔和，但是关节轴运动轨迹是不可预见的，所以使用该指令务必确认机器人与周边设备不会发生碰撞。

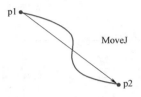

图 2-2-8 运动轨迹示意图

（1）指令格式

MoveJ[ \Conc,]ToPoint,Speed[ \V] [ \T],Zone[ \Z] [ \Inpos],Tool[ \Wobj];

指令格式说明：

1）[ \Conc,]：协作运动开关。

2）ToPoint：目标点，默认为 *。

3）Speed：运行速度数据。

4）[ \V]：特殊运行速度 mm/s。

5）[ \T]：运行时间控制 s。

6）Zone：运行转角数据。

7）[ \Z]：特殊运行转角 mm。

8）[ \Inpos]：运行停止点数据。

9）Tool：工具中心点（TCP）。

10）[ \Wobj]：工件坐标系。

例如：

MoveJ p1,v2000,fine,grip1;

MoveJ\Conc, p1,v2000,fine,grip1;

MoveJ p1,v2000\V：=2200,z40\z：45,grip1;

MoveJ p1,v2000,z40,grip1\Wobj：=wobjTable;

MoveJ\Conc, p1,v2000,fine\ Inpos：=inpos50，grip1;

（2）应用

机器人以最快捷的方式运动至目标点，机器人运动状态不完全可控，但运动路径保持唯一，常用于机器人在空间内大范围移动。

（3）编程实例

根据如图 2-2-9 所示的运动轨迹，写出其关节指令程序。

图 2-2-9 所示的运动轨迹的指令程序如下：

MoveL p1,v200,z10,tool1;

MoveL p2,v100,fine,tool1;

MoveJ p3,v500,fine,tool1;

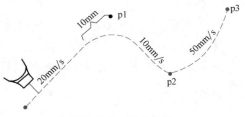

图 2-2-9　运动轨迹

### 3. 圆弧运动指令（MoveC）

圆弧运动指令也称为圆弧插补运动指令。三点确定唯一圆弧，因此，圆弧运动需要示教三个圆弧运动点，起始点 p1 是上一条运动指令的末端点，p2 是中间辅助点，p3 是圆弧终点，如图 2-2-10 所示。

（1）指令格式

MoveC[\Conc,] CirPoint,ToPoint,Speed[\V] [\T],Zone[\Z] [\Inpos],Tool[\Wobj] [\Corr];

指令格式说明：

1）［\Conc,］：协作运动开关。

2）CirPoin：中间点默认为 ∗ 。

3）ToPoint：目标点默认为 ∗ 。

4）Speed：运行速度数据。

5）［\V］：特殊运行速度 mm/s。

6）［\T］：运行时间控制 s。

7）Zone：运行转角数据。

8）［\Z］：特殊运行转角 mm。

9）［\Inpos］：运行停止点数据。

10）Tool：工具中心点（TCP）。

11）［\Wobj］：工件坐标系。

12）［\Corr］：修正目标点开关。

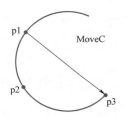

图 2-2-10　圆弧运动轨迹

例如：

MoveC p1,p2,v2000,fine,grip1;

MoveC \Conc, p1,p2,v200, \V: = 500,z1\zz: = 5,grip1;

MoveC p1,p2,v2000,z40,grip1\Wobj: = wobjTable;

MoveC p1,p2,v2000,fine\ Inpos: = 50, grip1;

MoveC p1,p2,v2000, fine,grip1 \corr;

（2）应用

机器人通过中心点以圆弧移动方式运动至目标点，当前点、中间点与目标点三点决定一断圆弧，机器人运动状态可控，运动路径保持唯一，常用于机器人在工作状态移动。

（3）限制

不可能通过一个 MoveC 指令完成一个圆，如图 2-2-11 所示。

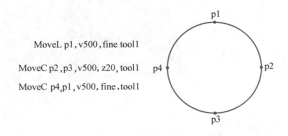

图 2-2-11　MoveC 指令的限制

### 4. Offs：偏移功能

以选定的目标点为基准，沿着选定的工件坐标系的 $X$、$Y$、$Z$ 轴方向偏移一定的距离。

例如：MoveL Offs( p10,0,0,10),v1000,z50,tool0\Wobj:=wobj1;

将机器人 TCP 移动至以 p10 为基准点，沿着 wobj1 的 $Z$ 轴正方向偏移 10mm 的位置。

## 任务实施

### 一、任务准备

实施本任务教学所使用的实训设备及工具材料可参考表 2-2-2。

表 2-2-2　实训设备及工具材料

| 序号 | 分类 | 名称 | 型号规格 | 数量 | 单位 | 备注 |
|------|------|------|----------|------|------|------|
| 1 | 工具 | 内六角扳手 | 5.0mm | 1 | 个 | 钳工桌 |
| 2 | | 内六角扳手 | 6.0mm | 1 | 个 | 钳工桌 |
| 3 | 设备器材 | 内六角螺钉 | M5 | 10 | 颗 | 模块存放柜 |
| 4 | | 轨迹模块 | | 1 | 个 | 模块存放柜 |
| 5 | | 焊枪夹具 | 包含末端连接法兰盘 | 1 | 套 | 模块存放柜 |

### 二、轨迹训练单元的安装

在轨迹训练模型 4 个角有用于安装固定螺钉孔，把模型安装到机器人操作对象承载平台上任意合理位置，用 M5 内六角螺钉将其固定锁紧，保证模型紧固牢靠，整体布局如图 2-2-12 所示。

图 2-2-12　轨迹训练模型整体布局

### 三、焊枪夹具的安装

本套件训练采用焊枪夹具，该夹具包含：机器人末端连接法兰、焊枪夹具两部分。首先采用 4 颗 M5 不锈钢内六角螺钉把机器人末端连接法兰安装到机器人 J6 轴法兰盘上，再采用 2 颗 M5 不锈钢内六角螺钉把焊枪夹具安装到机器人末端连接法兰上，如图 2-2-13 所示。

图 2-2-13　焊枪夹具的安装

### 四、设计控制原理图

根据控制要求，设计控制原理框图如图 2-2-14 所示。

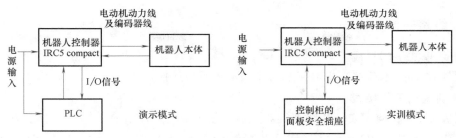

图 2-2-14　控制原理框图

## 五、设计两种模式下的机器人 I/O 分配表

### 1. 演示模式下的机器人 I/O 分配表

PLC 控制柜的配线已经完成。PLC 输入信号 X026~X037 对应机器人输出信号 DO1~DO10，PLC 输出信号 Y026~Y037 对应机器人输入信号 DI1~DI10。根据工作站任务要求对机器人 I/O 信号 System Input、System Output 进行配置见表 2-2-3。

表 2-2-3　演示模式下的机器人 I/O 分配表

| 机器人 I/O 表 | | | | |
| --- | --- | --- | --- | --- |
| 输入信号（DI1-DI16） | | | | |
| PLC 地址 | PLC 符号 | 信号（Signal） | 系统输入（System Input） | 类型（Argument） |
| Y026 | 电动机上电 | DI1 | MotorOn | |
| Y027 | 机器人程序启动 | DI2 | Start | CYCLE |
| Y030 | 机器人主程序启动 | DI3 | StartMain | CYCLE |
| Y031 | 急停复位 | DI4 | ResetEStop | |
| Y032 | 机器人停止 | DI5 | Stop | |
| Y006 | 机器人外部紧急停止 | ES1_A-ES1_B<br>ES2_A-ES2_B | 机器人控制器外部急停信号 | |
| Y005 | HG（面板）运行指示灯 | | | |
| Y004 | HR（面板）停止指示灯 | | | |
| 输出信号（DO1-DO16） | | | | |
| PLC 地址 | PLC 符号 | 信号（Signal） | 系统输入（System Output） | |
| X026 | 机器电动机已上电 | DO1 | MotorOnState | |
| X027 | 机器人在原点位置 | DO2 | | |
| X030 | 自动运行状态 | DO3 | AutoOn | |
| X031 | 机器人工作完成 | DO4 | | |
| X032 | 机器人紧急停止输入 | DO5 | EStop | |
| X001 | （面板）启动按钮 SB1 | | | |
| X002 | （面板）复位按钮 SB2 | | | |
| X003 | （面板）暂停按钮 SB3 | | | |
| X004 | （面板）急停按钮 QS | | | |

### 2. 实训模式下的机器人 I/O 分配表

所有信号均分布在面板上，根据工作站任务要求配置见表 2-2-4。

表 2-2-4　实训模式下的机器人 I/O 分配表

| 面板按钮 | 信号（Signal） | 系统输入（System Input） | 类型（Argument） |
| --- | --- | --- | --- |
| SB1 | DI1 | MotorOn | |
| SB2 | DI2 | StartMain | CYCLE |
| SB3 | DI3 | Stop | |
| SB4 | DI4 | Start | CYCLE |
| 面板指示灯 | 信号（Signal） | 系统输出（System Output） | |
| H1 | DO1 | MotorOn | |
| H2 | DO2 | AutoOn | |

### 六、线路安装

#### 1. 演示模式下的接线

演示模式下的 PLC 控制柜内配线已完成不需要另外接。

#### 2. 实训模式下的接线

根据表 2-2-3，使用安全连线把机器人输入信号 DI1、DI2、DI3、DI4，接到对应面板上的 SB1、SB2、SB3、SB4 按钮。按钮公共端接 0V；机器人的输出信号 DO1、DO2 接入面板指示灯 H1、H2 中，指示灯公共端接 24V。接线工艺要求如下：

1）所有安全连线用扎带固定，控制面板上布线合理布局美观。

2）安全连线插线牢靠，无松动。

### 七、PLC 程序设计

PLC 的控制要求如下：

1）机器人处于自动模式时，且无报警状态时。HR 指示灯点亮表示系统就绪且处于停止状态。

2）按下 SB1 按钮，系统启动。机器人开始动作。同时 HG 面板运行指示灯亮起，表示系统处于运行状态。

3）按下 SB3 按钮，系统暂停机器人动作停止。再次按下启动按钮 SB1 时机器人接着上次停止前的动作继续运行。

4）按下 QS 系统紧急停止，机器人紧急停止报警，按下 SB2 复位按钮后，解除机器人急停报警状态。

参照表 2-2-2 的 I/O 分配表，设计的 PLC 梯形图程序如图 2-2-15 所示。

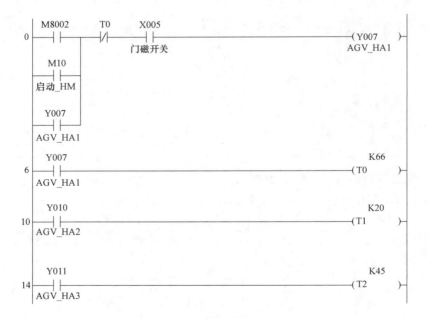

图 2-2-15　PLC 梯形图程序（机器人启动部分）

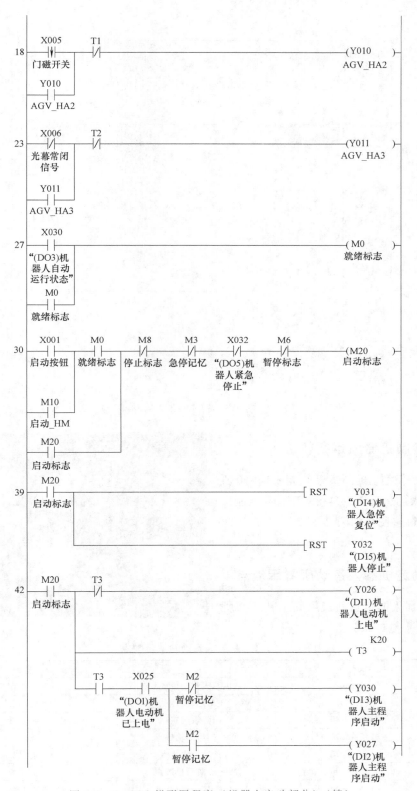

图 2-2-15　PLC 梯形图程序（机器人启动部分）（续）

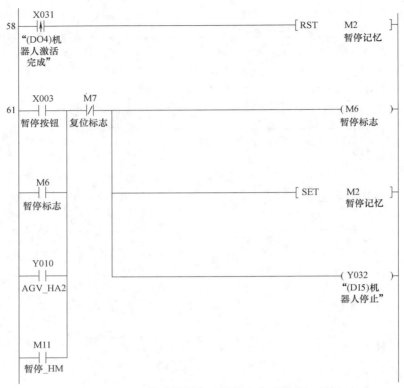

图 2-2-15　PLC 梯形图程序（机器人启动部分）（续）

## 八、绘制机器人运行轨迹

轨迹训练模型上的图案分布如图 2-2-16 所示。对机器人的运行轨迹进行规划，并绘制出机器人运行轨迹图，如图 2-2-17a ~ 图 2-2-17f 所示。

## 九、确定机器人运动所需示教点

根据机器人的运行轨迹可确定其运动所需的示教点见表 2-2-5。

图 2-2-16　轨迹训练模型图案分布

表 2-2-5　机器人运动轨迹示教点

| 序号 | 点序号 | 注释 | 备注 |
|------|--------|------|------|
| 1 | Home | 机器人初始位置 | 程序中定义 |
| 2 | p10 ~ p90 | 风车形轨迹点 | 需示教 |
| 3 | p100 ~ p130 | 椭圆轨迹点 | 需示教 |
| 4 | p140 ~ p170 | 平行四边形轨迹点 | 需示教 |
| 5 | p180 ~ p270 | 五角星形轨迹点 | 需示教 |
| 6 | p280 ~ p390 | 凸字形曲面轨迹点 | 需示教 |
| 7 | p400 ~ p490 | 枫叶形曲面轨迹点 | 需示教 |

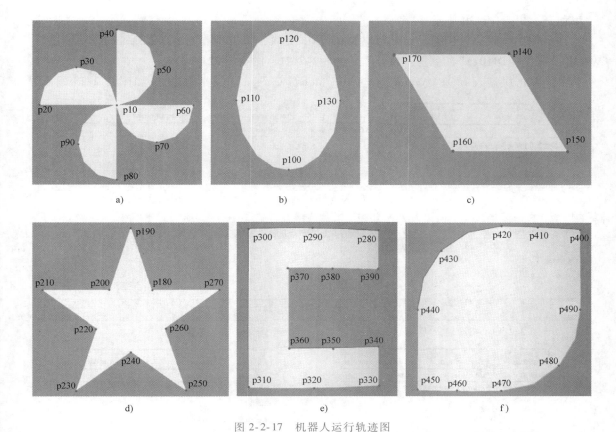

图 2-2-17　机器人运行轨迹图

## 十、机器人的程序编写及示教要求

### 1. 机器人示教要求

1）在进行描图轨迹示教时，焊枪姿态尽量垂直于工件表面。

2）机器人运行轨迹要求平缓流畅。

3）焊丝与图案边缘距离 0.5～1mm，尽量靠近工件图案边缘，但不能与工件接触，刮伤工件表面。

4）因该工作站涉及的目标点较多，可分解为多个子程序，每个子程序包含一个独立的图案目标点程序，在主程序中调用不同图案的子程序即可，程序结构化清晰、利于查看修改。

### 2. 设计机器人程序流程图

根据控制功能，设计机器人程序流程图，如图 2-2-18 所示。

### 3. 系统输入输出设定

根据表 2-2-2 所示，对机器人系统输入输出进行配置。

1）进入示教器单击"ABB"菜单，进入"控制面板"，选择"配置"中的"System Input"，如图 2-2-19 所示。

2）进入"System Input"后对所需要的系统控制信号进行关联，单击

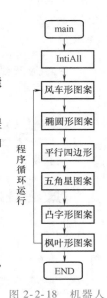

图 2-2-18　机器人
程序流程图

"添加",如图 2-2-20 所示。

3)按照关联表,例如以 DI1 对应 Motors On 关联,单击机器人 I/O "Signal Name"进行设定,选择"DI10-1",单击"确定",如图 2-2-21、图 2-2-22 所示。

4)单击机器人 I/O "Action",选中"Motors On",单击"确定",如图 2-2-23 所示;

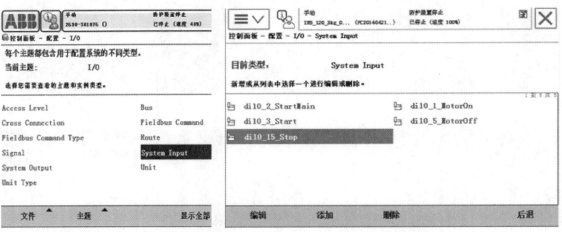

图 2-2-19　系统输入　　　　　　　　图 2-2-20　添加系统输入

图 2-2-21　进入选择菜单

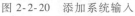

图 2-2-22　选择 I/O

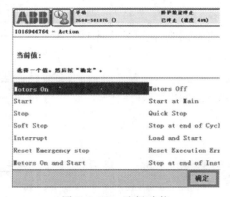

图 2-2-23　选择功能

图 2-2-24　选择完成

会出现如图 2-2-24 所示画面，然后再单击"确定"，示教器上会弹出是否重启控制器，此时先单击"否"，等系统输入和系统输出全部都关联好后再单击"是"，重启控制器，如图2-2-25所示。

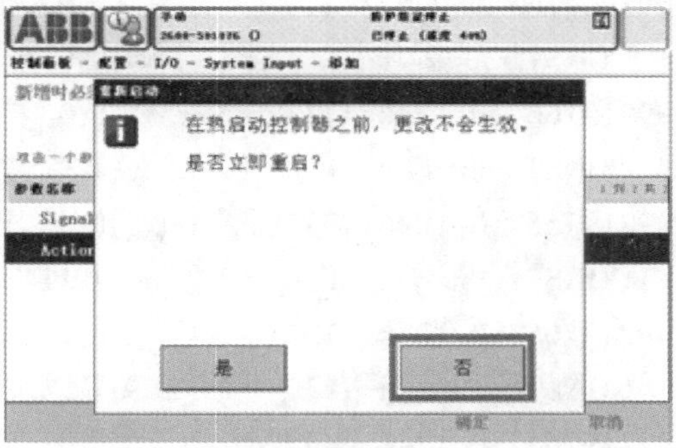

5）输出的设定与输入设定方法一样，分别关联各输出信号；待所有信号全部关联后，再在弹出是否重启控制器选项选择"是"，完成设定。

图 2-2-25　最终确认

#### 4. 机器人程序设计

根据机器人程序流程图、轨迹图设计机器人程序。设计的机器人控制程序如下：

```
MODULE Module1
CONST robtarget p10:=[[459.844145105,-140.640477846,85.153666703],[0,0,
0.995004165,0.099833417],[-1,0,-1,0],[9E9,9E9,9E9,9E9,9E9,9E9]];
! 定义目标点 p10,以下同上论述
CONST robtarget p20:=[[459.844145105,-108.306071428,86.366775642],[0,0,
0.995004165,0.099833417],[-1,0,-1,0],[9E9,9E9,9E9,9E9,9E9,9E9]];
CONST robtarget p30:=[[459.844145105,-77.276991355,77.191719154],[0,0,
0.995004165,0.099833417],[-1,0,-1,0],[9E9,9E9,9E9,9E9,9E9,9E9]];
CONST robtarget p40:=[[479.844145105,-77.276991355,77.191719154],[0,0,
0.995004165,0.099833417],[-1,0,-1,0],[9E9,9E9,9E9,9E9,9E9,9E9]];
CONST robtarget p50:=[[479.844145105,-98.462908553,84.626419626],[0,0,
0.995004165,0.099833417],[-1,0,-1,0],[9E9,9E9,9E9,9E9,9E9,9E9]];
CONST robtarget p60:=[[479.844145105,-120.773544766,87.147008919],[0,0,
0.995004165,0.099833417],[-1,0,-1,0],[9E9,9E9,9E9,9E9,9E9,9E9]];
CONST robtarget p70:=[[519.844145105,-120.773544766,87.147008919],[0,0,
0.995004165,0.099833417],[-1,0,-1,0],[9E9,9E9,9E9,9E9,9E9,9E9]];
CONST robtarget p80:=[[519.844145105,-98.462908553,84.626419626],[0,0,
0.995004165,0.099833417],[-1,0,-1,0],[9E9,9E9,9E9,9E9,9E9,9E9]];
CONST robtarget p90:=[[519.844145105,-77.276991355,77.191719154],[0,0,
0.995004165,0.099833417],[-1,0,-1,0],[9E9,9E9,9E9,9E9,9E9,9E9]];
CONST robtarget p100:=[[539.844145105,-77.276991355,77.191719154],[0,0,
0.995004165,0.099833417],[-1,0,-1,0],[9E9,9E9,9E9,9E9,9E9,9E9]];
CONST robtarget p110:=[[539.844145105,-108.306071428,86.366775642],[0,0,
0.995004165,0.099833417],[-1,0,-1,0],[9E9,9E9,9E9,9E9,9E9,9E9]];
CONST robtarget p120:=[[539.844145105,-140.640477846,85.153666703],[0,0,
0.995004165,0.099833417],[-1,0,-1,0],[9E9,9E9,9E9,9E9,9E9,9E9]];
CONST robtarget p130:=[[459.844145105,-140.640477846,85.153666703],[0,0,
```

0. 995004165,0. 099833417],[-1,0,-1,0],[9E9,9E9,9E9,9E9,9E9,9E9]];

    CONST robtarget p140：=［［639. 844145105,-145. 513940692,84. 03825109],[0,0,
0. 992197667,0. 124674733],[-1,0,-1,0],[9E9,9E9,9E9,9E9,9E9,9E9]];

    CONST robtarget p150：=［［601. 837573445,-145. 388562101,84. 070179119],[0,0,
0. 992197667,0. 124674733],[-1,0,-1,0],[9E9,9E9,9E9,9E9,9E9,9E9]];

    CONST robtarget p160：=［［580. 095432965,-135. 468894681,86. 061349087],[0,0,
0. 992197667,0. 124674733],[-1,0,-1,0],[9E9,9E9,9E9,9E9,9E9,9E9]];

    CONST robtarget p170：=［［569. 867286099,-112. 066098131,86. 767189463],[0,0,
0. 992197667,0. 124674733],[-1,0,-1,0],[9E9,9E9,9E9,9E9,9E9,9E9]];

    CONST robtarget p180：=［［569. 844145105,-93. 618851071,83. 389528682],[0,0,
0. 992197667,0. 124674733],[-1,0,-1,0],[9E9,9E9,9E9,9E9,9E9,9E9]];

    CONST robtarget p190：=［［569. 844145105,-77. 276991355,77. 191719154],[0,0,
0. 992197667,0. 124674733],[-1,0,-1,0],[9E9,9E9,9E9,9E9,9E9,9E9]];

    CONST robtarget p200：=［［607. 850716766,-77. 393527601,77. 247919629],[0,0,
0. 992197667,0. 124674733],[-1,0,-1,0],[9E9,9E9,9E9,9E9,9E9,9E9]];

    CONST robtarget p210：=［［629. 592857245,-86. 719877699,81. 170132454],[0,0,
0. 992197667,0. 124674733],[-1,0,-1,0],[9E9,9E9,9E9,9E9,9E9,9E9]];

    CONST robtarget p220：=［［639. 821004111,-109. 515947586,86. 511320944],[0,0,
0. 992197667,0. 124674733],[-1,0,-1,0],[9E9,9E9,9E9,9E9,9E9,9E9]];

    CONST robtarget p230：=［［639. 844145105,-128. 266515494,86. 86589073],[0,0,
0. 992197667,0. 124674733],[-1,0,-1,0],[9E9,9E9,9E9,9E9,9E9,9E9]];

    CONST robtarget p240：=［［639. 844145105,-145. 513940692,84. 03825109],[0,0,
0. 992197667,0. 124674733],[-1,0,-1,0],[9E9,9E9,9E9,9E9,9E9,9E9]];

    CONST robtarget p250：=［［472. 844145105,29. 226455234,57. 147008919],[0,0,1,0],
[0,-1,0,0],[9E9,9E9,9E9,9E9,9E9,9E9]];

    CONST robtarget p260：=［［472. 844145105,-20. 773544766,57. 147008919],[0,0,1,0],
[-1,0,-1,0],[9E9,9E9,9E9,9E9,9E9,9E9]];

    CONST robtarget p270：=［［516. 145415295,4. 226455234,57. 147008919],[0,0,1,0],
[0,-1,0,0],[9E9,9E9,9E9,9E9,9E9,9E9]];

    CONST robtarget p280：=［［516. 145415295,54. 226455234,57. 147008919],[0,0,1,0],
[0,-1,0,0],[9E9,9E9,9E9,9E9,9E9,9E9]];

    CONST robtarget p290：=［［472. 844145105,29. 226455234,57. 147008919],[0,0,1,0],
[0,-1,0,0],[9E9,9E9,9E9,9E9,9E9,9E9]];

    CONST robtarget p300：=［［584. 565504655,11. 103052993,57. 147008919],[0,0,1,0],
[0,-1,0,0],[9E9,9E9,9E9,9E9,9E9,9E9]];

    CONST robtarget p310：=［［584. 565504655,-24. 819185133,57. 147008919],
[0,0,1,0],[-1,0,-1,0],[9E9,9E9,9E9,9E9,9E9,9E9]];

    CONST robtarget p320：=［［605. 680066455,4. 242515987,57. 147008919],[0,0,1,0],
[0,-1,0,0],[9E9,9E9,9E9,9E9,9E9,9E9]];

CONST robtarget p330：＝［［639.844145105,-6.85806607,57.147008919］,［0,0,1,0］,
［-1,0,-1,0］,［9E9,9E9,9E9,9E9,9E9,9E9］］;

CONST robtarget p340：＝［［618.729583305,22.20363505,57.147008919］,［0,0,1,0］,
［0,-1,0,0］,［9E9,9E9,9E9,9E9,9E9,9E9］］;

CONST robtarget p350：＝［［639.844145105,51.26533617,57.147008919］,［0,0,1,0］,
［0,-1,0,0］,［9E9,9E9,9E9,9E9,9E9,9E9］］;

CONST robtarget p360：＝［［605.680066455,40.164754113,57.147008919］,［0,0,1,0］,
［0,-1,0,0］,［9E9,9E9,9E9,9E9,9E9,9E9］］;

CONST robtarget p370：＝［［584.565504655,69.226455234,57.147008919］,［0,0,1,0］,
［0,-1,0,0］,［9E9,9E9,9E9,9E9,9E9,9E9］］;

CONST robtarget p380：＝［［584.565504655,33.304217107,57.147008919］,［0,0,1,0］,
［0,-1,0,0］,［9E9,9E9,9E9,9E9,9E9,9E9］］;

CONST robtarget p390：＝［［550.401426005,22.20363505,57.147008919］,［0,0,1,0］,
［0,-1,0,0］,［9E9,9E9,9E9,9E9,9E9,9E9］］;

CONST robtarget p400：＝［［584.565504655,11.103052993,57.147008919］,［0,0,1,0］,
［0,-1,0,0］,［9E9,9E9,9E9,9E9,9E9,9E9］］;

CONST robtarget p410：＝［［449.844145105,119.226455234,57.147008919］,［0,0,1,0］,
［0,-1,0,0］,［9E9,9E9,9E9,9E9,9E9,9E9］］;

CONST robtarget p420：＝［［493.344145105,119.226455234,57.147008919］,［0,0,1,0］,
［0,-1,0,0］,［9E9,9E9,9E9,9E9,9E9,9E9］］;

CONST robtarget p430：＝［［472.356648579,95.976455234,57.147008919］,［0,0,1,0］,
［0,-1,0,0］,［9E9,9E9,9E9,9E9,9E9,9E9］］;

CONST robtarget p440：＝［［494.844145105,74.226455234,57.147008919］,［0,0,1,0］,
［0,-1,0,0］,［9E9,9E9,9E9,9E9,9E9,9E9］］;

CONST robtarget p450：＝［［494.844145105,117.726455234,57.147008919］,［0,0,1,0］,
［0,-1,0,0］,［9E9,9E9,9E9,9E9,9E9,9E9］］;

CONST robtarget p460：＝［［518.094145105,96.738958708,57.147008919］,［0,0,1,0］,
［0,-1,0,0］,［9E9,9E9,9E9,9E9,9E9,9E9］］;

CONST robtarget p470：＝［［539.844145105,119.226455234,57.147008919］,［0,0,1,0］,
［0,-1,0,0］,［9E9,9E9,9E9,9E9,9E9,9E9］］;

CONST robtarget p480：＝［［496.344145105,119.226455234,57.147008919］,［0,0,1,0］,
［0,-1,0,0］,［9E9,9E9,9E9,9E9,9E9,9E9］］;

CONST robtarget p490：＝［［517.331641631,142.476455234,57.147008919］,［0,0,1,0］,
［0,-1,0,0］,［9E9,9E9,9E9,9E9,9E9,9E9］］;

CONST jointtargetPhome：＝［［6.83189,-3.54638,48.7725,-10.1528,17.9824,15.7478］,
［9E+09,9E+09,9E+09,9E+09,9E+09,9E+09］］;！定义机器人工作原点 pHome

PROC main（）！主程序

rIntiAll;！调用初始化程序，用于复位机器人位置、信号、数据等

WHILETRUEDO！利用 WHILE TRUE DO 死循环，目的是将初始化程序与机器人反复运

动程序隔离

```
        Path_20;! 走风车形轨迹
        Path_30;! 走椭圆形轨迹
        Path_40;! 走平行四边形槽轨迹
        Path_50;! 走五角星形槽轨迹
        Path_60;! 走凹字形槽轨迹
        Path_70;! 走枫叶形槽轨迹
        WaitTime 10;! 等待 10s 时间
    ENDWHILE
    ENDPROC


    PROC rIntiAll( )
MoveAbsJ Phome\NoEOffs, v50, fine, tool0;
    ENDPROC


PROC Path_20( )! 风车形轨迹程序
```

  MoveJ offs（p10,0,0,50），v400,fine,tWeldGun\WObj：=wobj0；! 利用关节指令运行至第 1 个位置点正上方

  MoveL p10,v500,fine,tWeldGun\WObj：=wobj0；! 机器人直线运动到第 1 个位置点

  MoveL p20,v500,fine,tWeldGun\WObj：=wobj0；! 机器人直线运动到第 2 个位置点

  MoveC p30,p10,v500,fine,tWeldGun\WObj：=wobj0；! 利用圆弧指令操作焊枪走 U 型槽的圆弧曲面

  MoveL p40,v500,fine,tWeldGun\WObj：=wobj0；! 利用直线运动指令操作焊枪走 U 型槽的底部直边

  MoveC p50,p_10,v500,tWeldGun\WObj：=wobj0；! 利用圆弧指令操作焊枪走 U 型槽的圆弧曲面，以下同上说明

  MoveL p60,v50,fine,tWeldGun\WObj：=wobj0；

  MoveC p70,p10,v50,tWeldGun\WObj：=wobj0；

  MoveL p80,v50,fine,tWeldGun\WObj：=wobj0；

  MoveC p90,p10,v50,fine,tWeldGun\WObj：=wobj0；

  MoveL offs（p10,0,0,50），v50,fine,tWeldGun\WObj：=wobj0；

  ENDPROC


PROC Path_30( )! 椭圆槽轨迹程序

  MoveJ offs（p100,0,0,50），v400,fine,tWeldGun\WObj：=wobj0；! 利用关节移动指令运行至圆槽第 1 个位置点正上方

  MoveL p100,v500,fine,tWeldGun\WObj：=wobj0；! 利用直线运动指令操作焊枪走半圆槽的顶部直边

  MoveC p110,p120,v500,fine,tWeldGun\WObj：=wobj0；! 利用圆弧指令操作焊枪走

圆槽左部圆弧曲面。

    MoveC p130,p100,v500,fine,tWeldGun\WObj:=wobj0;！利用圆弧指令操作焊枪走圆槽右部圆弧曲面。

    MoveL offs(p100,0,0,50),v500,fine,tWeldGun\WObj:=wobj0;

  ENDPROC


  PROC Path_40()！平行四边形槽轨迹程序

    MoveL offs(p140,0,0,50),v400,fine,tWeldGun\WObj:=wobj0;！利用直线运行指令运行至四边形槽第1个位置点正上方

    MoveL p140, v500, fine, tWeldGun \ WObj:=wobj0;！利用直线运行指令运行至四边形槽第1个位置点，以下同上说明

    MoveL p160,v500,fine,tWeldGun\WObj:=wobj0;

    MoveL p170,v500,fine,tWeldGun\WObj:=wobj0;

    MoveL p140,v50,fine,tWeldGun\WObj:=wobj0;

    MoveL offs(p140,0,0,50),v50,fine,tWeldGun\WObj:=wobj0;

  ENDPROC


  PROC Path_50()！走五角星形槽轨迹

    MoveL offs(p180,0,0,50),v400,fine,tWeldGun\WObj:=wobj0;！利用直线运行指令运行至五角形槽第1个位置点正上方

    MoveL p180,v500,fine,tWeldGun\WObj:=wobj0;！利用直线运行指令运行至五角形槽第1个位置点，以下同上说明

    MoveL p190,v500,fine,tWeldGun\WObj:=wobj0;

    MoveL p200,v500,fine,tWeldGun\WObj:=wobj0;

    MoveL p210,v500,fine,tWeldGun\WObj:=wobj0;

    MoveL p220,v500,fine,tWeldGun\WObj:=wobj0;

    MoveL p230,v500,fine,tWeldGun\WObj:=wobj0;

    MoveL p240,v500,fine,tWeldGun\WObj:=wobj0;

    MoveL p250,v500,fine,tWeldGun\WObj:=wobj0;

    MoveL p260,v500,fine,tWeldGun\WObj:=wobj0;

    MoveL p270,v500,fine,tWeldGun\WObj:=wobj0;

    MoveL p180,v500,fine,tWeldGun\WObj:=wobj0;

    MoveL offs(p180,0,0,50),v500,fine,tWeldGun\WObj:=wobj0;

  ENDPROC


  PROC Path_60()！走凹字形曲面轨迹

    MoveJ offs(p280,0,0,50),v400,fine,tWeldGun\WObj:=wobj0;！利用直线运行指令运行至凹字第1个位置点正上方

  MoveL offs(p280,0,0,50),v400,fine,tWeldGun\WObj:=wobj0;！利用直线运行指令运行

至凹字第 1 个位置点

    MoveC p290,p300,v500,fine,tWeldGun\WObj:=wobj0;！利用圆弧指令沿着凹字形上部分（曲面）移动

    MoveL p310,v500,fine,tWeldGun\WObj:=wobj0;！利用直线运行指令运行至 p310 点位置

    MoveC p320,p330,v500,fine,tWeldGun\WObj:=wobj0;！利用圆弧指令沿着至凹字形下部分（曲面）移动

    MoveL p340,v500,fine,tWeldGun\WObj:=wobj0;

    MoveC p350,P360,v500,fine,tWeldGun\WObj:=wobj0;

    MoveL p370,v500,fine,tWeldGun\WObj:=wobj0;

    MoveC p380,P390,v500,fine,tWeldGun\WObj:=wobj0;

    MoveL p280,v500,fine,tWeldGun\WObj:=wobj0;

    MoveL offs(p280,0,0,50),v500,fine,tWeldGun\WObj:=wobj0;

ENDPROC


PROC Path_70()！枫叶形曲面轨迹程序

    MoveJ offs(p400,0,0,50),v400,fine,tWeldGun\WObj:=wobj0;！利用关节移动指令运行至第 1 个位置点正上方

    MoveL p400,v500,fine,tWeldGun\WObj:=wobj0;！利用直线运行指令运行至圆形槽第 1 个位置点

    MoveC p410,p420,v500,fine,tWeldGun\WObj:=wobj0;！利用圆弧运行指令走部分圆弧轨迹，以下同上论述

    MoveC p430,p440,v500,fine,tWeldGun\WObj:=wobj0;

    MoveL p450,v500,fine,tWeldGun\WObj:=wobj0;

    MoveC p460,p470,v500,fine,tWeldGun\WObj:=wobj0;

    MoveC p480,p490,v500,fine,tWeldGun\WObj:=wobj0;

    MoveL p400,v500,fine,tWeldGun\WObj:=wobj0;

    MoveL offs(p400,0,0,50),v500,fine,tWeldGun\WObj:=wobj0;

    MoveAbsJ Phome\NoEOffs, v50,fine,tool0;

ENDPROC

ENDMODULE

### 5. 程序数据修改

1）机器人程序位置点的修改。手动操纵机器人到所要修改点的位置，进入"程序数据"中的"robtarget"（机器人点位置数据修改）数据，选择所要修改的点，单击"编辑"中的"修改位置"完成修改，如图 2-2-26 所示。

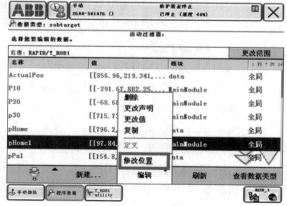

图 2-2-26　机器人程序位置点的修改

2）同理，依次完成其他点的修改。

## 检查测评

对任务实施的完成情况进行检查，并将结果填入表2-2-6内。

表2-2-6　任务测评表

| 序号 | 主要内容 | 考核要求 | 评分标准 | 配分 | 扣分 | 得分 |
|---|---|---|---|---|---|---|
| 1 | 机械安装 | 夹具与模块固定紧固,不缺少螺钉 | 1. 夹具与模块安装位置不合适,扣5分<br>2. 夹具或模块松动,扣5分<br>3. 损坏夹具或模块,扣10分 | 20 | | |
| 2 | 机器人程序设计与示教操作 | I/O配置完整,程序设计正确,机器人示教正确 | 1. 操作机器人动作不规范,扣5分<br>2. 机器人不能完成描绘图形,每个图形轨迹扣10分<br>3. 不会手动调试,扣10分<br>4. 不会手动示教器自动运行,扣15分<br>5. 机器人程序编写错误,每个扣5分<br>6. 不会机器人示教,扣40分 | 70 | | |
| 3 | 安全文明生产 | 劳动保护用品穿戴整齐,遵守操作规程,讲文明礼貌,操作结束要清理现场 | 1. 操作中,违反安全文明生产考核要求的任何一项扣5分,扣完为止<br>2. 当发现学生有重大事故隐患时,要立即予以制止,并每次扣安全文明生产总分5分 | 10 | | |
| | | | 合　计 | | | |
| | 开始时间： | | 结束时间： | | | |

## 任务三　　工业机器人模拟焊接单元的编程与操作

## 学习目标

知识目标：1. 掌握模拟焊接单元的机器人程序编写。
　　　　　2. 掌握工业机器人手持示教的方法。

能力目标：1. 能够完成工件夹具的安装。
　　　　　2. 能够完成工件坐标的建立。
　　　　　3. 能够完成模拟焊接单元的程序编写。

## 工作任务

图2-3-1所示为某工业机器人模拟焊接单元工作站，其模拟焊接对象结构示意图如图2-3-2所示。本任务采用示教编程方法，操作机器人实现模拟焊接焊缝的示教。

具体控制要求如下：

1. 单击触摸屏上的"上电"按钮，机器人伺服上电；单击触摸屏上机器人的"启动"按钮，机器人进入主程序；单击触摸屏上机器人的"复位"按钮，机器人回到HOME点，系统进入等待状态；单击触摸屏上工作站的"启动"按钮，系统进入运行状态，工件装配开始，直到工件装配完成后停止。

2. 单击触摸屏上的"停止"按钮，系统进入停止状态，所有气动机构均保持状态不变。

图 2-3-1　工业机器人模拟焊接单元工作站

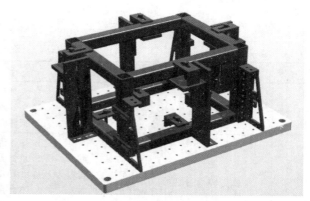

图 2-3-2　模拟焊接对象结构示意图

## 相关知识

### 一、工业机器人模拟焊接工作站

工业机器人模拟焊接工作站采用多条方形铁质管以及多功能工装夹具套件组成，且表面作发黑处理，该工作站配有焊枪夹具，如图 2-3-3 所示。

实训时可对模拟焊接工装方形铁质管进行自由拼接搭建不同的立体形状，采用焊枪夹具对需要焊接的焊缝进行轨迹示教。

### 二、常用 I/O 控制指令——WaitDI 指令

WaitDI 指令的功能是等待一个输入信号状态为设定值。
例如：

WaitDI　Di1, 1;

等待数字输入信号 Di1 为 1，之后才执行下面命令。

图 2-3-3　工业机器人模拟
焊接工作站

**提示**

　　WaitDI　Di1, 1; 等同于：WaitUntil Di1 = 1; 另外，WaitUntil 应用更为广泛，其等待的后面条件为 TRUE 才继续执行，如：

　　WaitUntil bRead = False;

　　WaitUntil num1 = 1;

## 任务实施

### 一、任务准备

实施本任务教学所使用的实训设备及工具材料可参考表 2-3-1。

表 2-3-1　实训设备及工具材料

| 序号 | 分类 | 名称 | 型号规格 | 数量 | 单位 | 备注 |
|------|------|------|----------|------|------|------|
| 1 | 工具 | 内六角扳手 | 5.0mm | 1 | 个 | 钳工台 |
| 2 | 设备器材 | 内六角螺钉 | M5 | 22 | 颗 | 模块存放柜 |
| 3 | | 虚拟焊接套件 | | 1 | 套 | 模块存放柜 |
| 4 | | 焊枪夹具 | | 1 | 个 | 模块存放柜 |

## 二、模拟焊接套件的安装

把模拟焊接套件安装至机器人操作对象平台合适位置，并使模型螺钉孔与实训平台螺钉孔对应且安装稳定牢靠，如图 2-3-4 所示。

## 三、焊枪夹具的安装

模拟焊接工作站夹具采用焊枪夹具，其安装方法同任务二中基础学习工作站的焊枪夹具安装方法。

图 2-3-4　模拟焊接套件的安装

## 四、设计控制原理框图

根据工作站控制要求，可判断出模拟焊接工作站侧重于工业机器人的编程示教及操作。控制原理框图和任务二的控制原理一致。

## 五、设计两种模式下的机器人 I/O 分配表

### 1. 演示模式下的机器人 I/O 分配表

PLC 控制柜的配线已经完成。PLC 输入信号 X026-X037 对应机器人输出信号 DO1-DO10，PLC 输出信号 Y026-Y037 对应机器人输入信号 DI1-DI10。根据工作站任务要求对机器人 I/O 信号 System Input、System Output 进行配置见表 2-2-2。

### 2. 实训模式下的机器人 I/O 分配表

所有信号均分布在面板上，根据工作站任务要求见表 2-2-3 配置。

## 六、线路安装

### 1. "演示模式"下的接线

"演示模式"下的 PLC 控制柜内配线已完成不需要另外接。

### 2. "实训模式"下的接线

"实训模式"下的接线与任务二相同，即使用安全连线把机器人输入信号 DI1、DI2、DI3、DI4，接到对应面板上的 SB1、SB2、SB3、SB4 按钮。按钮公共端接 0V；机器人的输出信号 DO1、DO2 接入面板指示灯 H1、H2 中，指示灯公共端接 24V。

## 七、PLC 程序设计

PLC 的控制要求如下：

（1）机器人处于自动模式时，且无报警状态时。HR 指示灯点亮表示系统就绪且处于停

止状态。

（2）按下 SB1 按钮，系统启动。机器人开始动作。同时 HG 面板运行指示灯亮起，表示系统处于运行状态。

（3）按下 SB3 按钮，系统暂停机器人动作停止。再次按下启动按钮 SB1 时机器人接着上次停止前的动作继续运行。

（4）按下 QS 系统紧急停止，机器人紧急停止报警，按下 SB2 复位按钮后，解除机器人急停报警状态。

由此可知，PLC 梯形图程序与任务二相同，具体参照图 2-2-15。

## 八、机器人根据坐标的建立级模拟焊接单元轨迹示教

### 1. 工件坐标的设定 1

工件坐标系对应工件，它定义工件相对于大地坐标系（或其他坐标系）的位置。机器人可以拥有若干工件坐标系，或者表示不同工件，或者表示同一工件在不同位置的若干副本。

对机器人进行编程时就是在工件坐标系中创建目标和路径，其优点是重新定位工作站中的工件时，只需改变工件坐标系的位置，所有路径将即刻随之更新。

工件坐标的设定 1 如图 2-3-5 所示。图中Ⓐ是机器人的大地坐标，为了方便编程，为第一个工件建立了一个工件坐标Ⓑ，并在这个工件坐标Ⓑ进行轨迹编程。如果台子上还有一个一样的工件需要走一样的轨迹，那只需要建立一个工件坐标Ⓒ，将工件坐标Ⓑ中的轨迹复制一份，然后将工件坐标从 B 更新为Ⓒ，则无需对一样的工件重复的轨迹编程了。

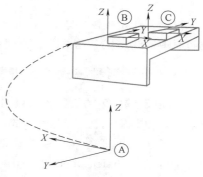

图 2-3-5　工件坐标的设定 1

### 2. 工件坐标的设定 2

工件坐标的设定 2，如图 2-3-6 所示。在对象的平面上，只需要定义 3 个点，就可以建立一个工件坐标，即三点法；图中 $X1$ 点确定工件坐标的原点，$X1\cdots X2$ 确定工件坐标 $X$ 正方向；$Y1$ 确定工件坐标 $Y$ 正方向；工件坐标符合右手定则。另外，在工件坐标Ⓑ中对Ⓐ对象进行了编程。如果工件坐标的位置变化成工件坐标Ⓓ后，只需在机器人系统重新定义工件坐标 D，则机器人的轨迹就自动更新到Ⓒ了，不需要再次轨迹编程了。因为Ⓐ相对于Ⓑ，Ⓒ相对于Ⓓ的关系是一样的，并没有因为整体偏移而发生变化。

### 3. 创建工件坐标

在焊接类应用中，当工件位置偏移时，为了方便移植轨迹程序，需要建立工件坐标系。这样当发现工件整体偏移以后，只需重新标定一下工件坐标系即可完成调整。在此工作站中，所需创建的工件坐标系如图 2-3-7 所示。

在如图 2-3-7 所示中，根据三点法，依次移动机器人至 $X1$、$X2$、$Y1$ 点，并记录，则可自动生成工件坐标系 Workobject_1。在标定工件坐标系时，要合理选取 $XY$ 方向，以保证 $Z$ 轴方向便于编程使用。$X$、$Y$、$Z$ 轴方向符合笛卡儿坐标系，即可使用右手来判定，如图中 $+X$、$+Y$、$+Z$ 所示。其上 $X1$ 点为坐标轴原点，$X2$ 为 $X$ 轴方向上的任意点，$Y1$ 为 $Y$ 轴上的

任意点。具体工件坐标系建立如图 2-3-8 所示。

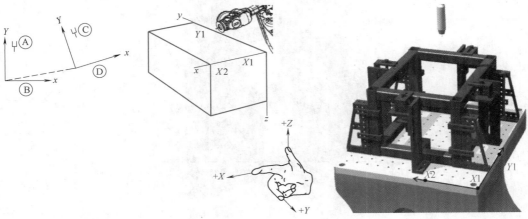

图 2-3-6  工件坐标的设定 2                图 2-3-7  工件坐标示意图

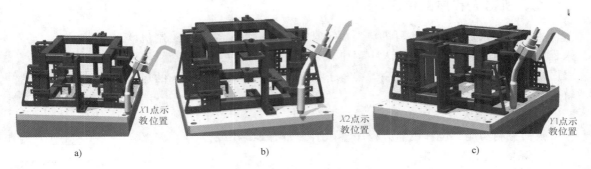

a)                          b)                          c)

图 2-3-8  工件坐标系建立示意图

### 4. 模拟焊接单元示教点位置

根据待焊接模型分析机器人运动轨迹点位置如图 2-3-9 所示，其含义注释见表 2-3-2。注意焊枪焊丝在走焊缝轨迹时机器人运行速度应该降速还原真实焊接的过程。同时焊枪倾角应该尽量满足焊接工艺要求。

表 2-3-2  机器人运动轨迹示教点

| 序号 | 点序号 | 注释 | 备注 |
|---|---|---|---|
| 1 | Home | 机器人初始位置 | 程序中定义 |
| 2 | P10~P30 | P10 开始焊接位置、P20 焊接过程中的过渡点位置、P30 焊接结束收弧位置 | 需示教 |
| 3 | P40~P60 | P40 开始焊接位置、P50 焊接过程中的过渡点位置、P60 焊接结束收弧位置 | 需示教 |
| 4 | P70~P90 | P70 开始焊接位置、P80 焊接过程中的过渡点位置、P90 焊接结束收弧位置 | 需示教 |
| 5 | P100~P120 | P100 开始焊接位置、P110 焊接过程中的过渡点位置、P120 焊接结束收弧位置 | 需示教 |

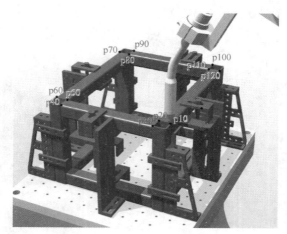

图 2-3-9　机器人的运动轨迹分布图

## 九、机器人程序的编写

根据机器人运动轨迹编写机器人程序时，首先根据控制要求绘制机器人程序流程图，然后编写机器人主程序和子程序。子程序主要包括机器人程序初始化子程序、焊接子程序。编写子程序前要先设计好机器人的运行轨迹及定义好机器人的程序点。

### 1. 设计机器人程序流程图

根据控制功能，设计机器人程序流程图，如图 2-3-10 所示。

### 2. 系统输入输出设定

参照任务二所述的方法进行系统输入输出的设定。

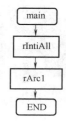

图 2-3-10　机器人
程序流程图

### 3. 机器人程序设计

根据机器人程序流程图、轨迹图设计机器人程序，所设计的机器人程序（仅供参考）如下：

```
CONST robtarget p10:=[[384.999513222,329.970261718,195.309080224],
[0.001363253,0.707105868,-0.707105065,0.001363474],[-1,0,-1,0],[9E9,9E9,9E9,
9E9,9E9,9E9]];

CONST robtarget p20:=[[384.99977642,328.479306412,198.445922143],
[0.00136345,0.707105742,-0.707105192,0.00136323],[-1,0,-1,0],[9E9,9E9,9E9,9E9,
9E9,9E9]];

CONST robtarget p30:=[[384.607414602,324.750241997,200.000326745],
[0.00136333,0.707105648,-0.707105286,0.001362953],[-1,0,-1,0],[9E9,9E9,9E9,9E9,
9E9,9E9]];

CONST robtarget p40:=[[385.000099231,305.350443968,200.000103816],
[0.001362925,0.707105873,-0.707105062,0.001363068],[-1,0,-1,0],[9E9,9E9,9E9,
9E9,9E9,9E9]];

CONST robtarget p50:=[[384.999931384,301.887858401,198.782038894],
```

[0.001362942,0.707105875,-0.70710506,0.001363267]，[-1,0,-1,0]，[9E9,9E9,9E9,9E9,9E9,9E9]]；

　　CONST robtarget p60：=[[384.999671574,300.028171765,195.291210937]，[0.001363638,0.707106291,-0.707104642,0.001363477]，[-1,0,-1,0]，[9E9,9E9,9E9,9E9,9E9,9E9]]；

　　CONST robtarget p70：=[[414.912841274,299.999960619,195.703349395]，[0.00136345,0.70710516,-0.707105774,0.001362878]，[-1,0,-1,0]，[9E9,9E9,9E9,9E9,9E9,9E9]]；

　　CONST robtarget p80：=[[413.59157965,300.000096811,198.328094854]，[0.001363578,0.707105208,-0.707105727,0.001362909]，[-1,0,-1,0]，[9E9,9E9,9E9,9E9,9E9,9E9]]；

　　CONST robtarget p90：=[[409.697838951,300.000174715,200.000247859]，[0.00136344,0.707105141,-0.707105794,0.001362788]，[-1,0,-1,0]，[9E9,9E9,9E9,9E9,9E9,9E9]]；

　　CONST robtarget p100：=[[390.421468582,300.000087813,200.000335856]，[0.001362899,0.707105442,-0.707105494,0.001362945]，[-1,0,-1,0]，[9E9,9E9,9E9,9E9,9E9,9E9]]；

　　CONST robtarget p110：=[[386.97637101,300.000032899,198.854480278]，[0.001362951,0.707105224,-0.707105712,0.001362904]，[-1,0,-1,0]，[9E9,9E9,9E9,9E9,9E9,9E9]]；

　　CONST robtarget p120：=[[385.000122123,300.028321854,174.589379781]，[0.189345881,-0.61199064,-0.368425912,-0.67370464]，[0,-1,-2,0]，[9E9,9E9,9E9,9E9,9E9,9E9]]；

　　CONST jointtargetPhome：=[[6.83189,-3.54638,48.7725,-10.1528,17.9824,15.7478]，[9E+09,9E+09,9E+09,9E+09,9E+09,9E+09]]；

　！定义机器人主程序
　　PROC main( )
　　　rIntiAll；
　　　rArc1；
　　　MoveAbsJ Phome\NoEOffs, v50, fine, tool0；
　　　Stop；
　　　ENDWHILE
　ENDPROC
　！初始化子程序，机器人回到工作原位 pHome
　　PROC rIntiAll( )
　　　MoveAbsJ Phome\NoEOffs, v50, fine, tool0；
　　ENDPROC
　！定义焊接子程序
　　PROC rArc1( )

MoveJ offs（p10,0,0,50）,v1000,z10,tWeldGun\WObj：=Workobject_1;

MoveL p10,v500,fine,tWeldGun\WObj：=Workobject_1;

MoveL p20,v10,fine,tWeldGun\WObj：=Workobject_1;

MoveL p30,v10,fine,tWeldGun\WObj：=Workobject_1;

MoveL offs（p30,0,0,100）,v400,fine,tWeldGun\WObj：=Workobject_1;

MoveJ offs（p40,0,0,50）,v1000,z10,tWeldGun\WObj：=Workobject_1;

MoveL p40,v500,fine,tWeldGun\WObj：=Workobject_1;

MoveL p50,v10,fine,tWeldGun\WObj：=Workobject_1;

MoveL p60,v10,fine,tWeldGun\WObj：=Workobject_1;

MoveL offs（p60,0,0,100）,v400,fine,tWeldGun\WObj：=Workobject_1;

MoveJ offs（p70,0,0,50）,v1000,z10,tWeldGun\WObj：=Workobject_1;

MoveL p70,v500,fine,tWeldGun\WObj：=Workobject_1;

MoveL p80,v10,fine,tWeldGun\WObj：=Workobject_1;

MoveL p90,v10,fine,tWeldGun\WObj：=Workobject_1;

MoveL offs（p90,0,0,100）,v400,fine,tWeldGun\WObj：=Workobject_1;

MoveJ offs（p100,0,50）,v1000,z10,tWeldGun\WObj：=Workobject_1;

MoveL p100,v500,fine,tWeldGun\WObj：=Workobject_1;

MoveL p110,v10,fine,tWeldGun\WObj：=Workobject_1;

MoveL p120,v10,fine,tWeldGun\WObj：=Workobject_1;

MoveL offs（p120,0,0,100）,v400,fine,tWeldGun\WObj：=Workobject_1;

ENDPROC

ENDMODULE

**4. 程序数据修改**

1）机器人程序位置点的修改。手动操纵机器人到所要修改点的位置，进入"程序数据"中的"robtarget"（机器人点位置数据修改）数据，选择所要修改的点，单击"编辑"中的"修改位置"完成修改，如图 2-3-11 所示。

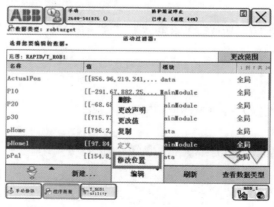

图 2-3-11　机器人程序位置点的修改

2）同理，依次完成其他点的修改。

## 检查测评

对任务实施的完成情况进行检查，并将结果填入表 2-3-3 内。

表 2-3-3 任务测评表

| 序号 | 主要内容 | 考核要求 | 评分标准 | 配分 | 扣分 | 得分 |
|---|---|---|---|---|---|---|
| 1 | 机械安装 | 焊枪夹具与模块固定紧固，不缺少螺钉 | 1. 焊枪夹具与模块安装位置不合适，扣 5 分<br>2. 夹具或模块松动，扣 5 分<br>3. 损坏夹具或模块，扣 10 分 | 20 | | |
| 2 | 机器人程序设计与示教操作 | I/O 配置完整，程序设计正确，机器人示教正确 | 1. 操作机器人动作不规范，扣 5 分<br>2. 机器人不能完成排列检测，每个轨迹扣 10 分<br>3. 缺少 I/O 配置，每个扣 1 分<br>4. 程序缺少输出信号设计，每个扣 1 分<br>5. 工具坐标系定义错误或缺失，每个扣 5 分 | 70 | | |
| 3 | 安全文明生产 | 劳动保护用品穿戴整齐，遵守操作规程，讲文明礼貌，操作结束要清理现场 | 1. 操作中，违反安全文明生产考核要求的任何一项扣 5 分，扣完为止<br>2. 当发现学生有重大事故隐患时，要立即予以制止，并每次扣安全文明生产总分 5 分 | 10 | | |
| 合计 | | | | | | |
| 开始时间： | | | 结束时间： | | | |

## 任务四　工业机器人码垛单元的编程与操作

## 学习目标

知识目标：1. 掌握六轴工业机器人偏移指令的编程与示教。
　　　　　2. 掌握工业机器人点对点搬运路径的设计方法。
　　　　　3. 掌握工业机器人制定点搬运路径的设计方法。

能力目标：1. 能够新建、编辑和加载程序。
　　　　　2. 能够完成码垛单元模型及吸盘夹具的安装。
　　　　　3. 能够完成码垛单元模型系统设计与调试。

## 工作任务

图 2-4-1 所示为某工业机器人码垛单元工作站，其模型结构示意图如图 2-4-2 所示。本任务采用示教编程方法，操作机器人实现码垛单元的示教。

具体控制要求如下：

### 1. 实训模式

使用安全连线对各个信号正确连接。要求：控制面板上急停按钮 QS，按下后机器人出现紧急停止报警；机器人在自动模式时可通过面板按钮 SB1 控制机器人电动机上电；SB2 按钮控制机器人从主程序开始运行；SB3 按钮可控制机器人停止；SB4 按钮可控制机器人开始运行；H1 指示灯显示机器人自动运行状态；H2 指示灯显示电动机上电状态。

### 2. 演示模式

采用可编程控制器对机器人状态信号进行控制。要求：机器人切换至自动模式时 HR 指示灯亮起，表示系统准备就绪，且处于停止状态；按下 SB1 系统启动按钮，HG 运行指示灯亮起，HR 指示灯灭掉；同时机器人进行上电运行，开始码垛工作；机器人码垛工作结束后回到工作原点位置后停止，且 HR 灯亮起表示系统停止。

图 2-4-1　工业机器人码垛单元工作站

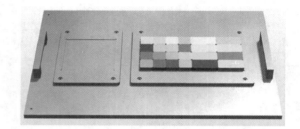

图 2-4-2　码垛模型结构示意图

##  相关知识

### 一、工业机器人码垛模型工作站

工业机器人码垛模型工作站可对码垛对象的码垛形状、码垛时的路径等进行自由规定，可按不同要求进行多种实训，主要训练机器人的程序编写。

码垛模型主要分为码垛物料盛放平台和码垛平台两部分。其中码垛物料盛放平台主要包含 16 块正方形物料、8 块长方形物料。码垛物料盛放平台和码垛平台均采用优质铝材制作，表面经阳极氧化处理，可采用吸盘夹具对码垛物料进行自由组合的机器人码垛训练。码垛模型结构示意图如图 2-4-2 所示。

### 二、常用指令

#### 1. Set 指令

Set 指令是将数字输出信号置为 1。

例如：

Set　DO1；

将数字输出信号 DO1 置为 1。

#### 2. Reset 指令

Reset 指令是将数字输出信号置为 0。

例如：

Reset　DO1；

将数字输出信号 DO1 置为 0。

### 3. WaitTime

WaitTime 是指等待指定时间（秒）。

例如：

WaitTime 0.8；

程序运行到此处暂时停止 0.8s 后继续执行。

### 4. ConfL：轴配置监控指令

指令作用：机器人在线性运动及圆弧运动过程中是否严格遵循程序中设定的轴配置参数。默认情况下，轴配置监控是打开的，关闭后，机器人以最接近当前轴配置数据的方式配置到达指定目标点。

应用举例：目标点 p10 中，[1，0，1，0] 是此目标点的轴配置数据：

CONST robtarget p10 := [[ * , * , * ],[ * , * , * , * ],[1,0,1,0],[9E9,9E9,9E9,9E9,
9E9,9E9]]；

PROC rMove( )
ConfL \Off；
MoveL p10, v500, fine, tool0；
ENDPROC

执行结果：机器人自动匹配一组最接近当前各关节轴姿态的轴配置数据移动至目标点 p10，轴配置数据不一定为程序中指定的 [1，0，1，0]。

### 5. TriggL：运动触发指令

指令作用：在线性运动过程中，在指定位置准确的触发事件。

应用举例：

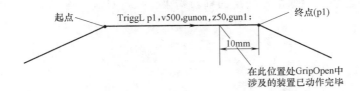

VAR Triggdata GripOpen；

TriggEquip GripOpen, 10, 0.1 \DOp：=doGripOn, 1；

TriggL p1, v500, GripOpen, z50, tGripper；

执行结果：

机器人 TCP 在朝向 p1 点运动过程中，在距离 p1 点前 10mm 处，且再提前 0.1s 时，将 doGripOn 置为 1。

## 三、常用逻辑控制指令

### 1. IF 指令

IF 指令的功能是满足不同条件，执行对应程序。

例如：

IF regl>5THEN

Set dol；

ENDIF

如果 regl>5 条件满足，则执行 Set DOl 指令。

2. FOR 指令

FOR 指令的功能是根据指定的次数，重复执行对应程序。

例如：

FOR i FORM 1 TO 10 DO

routinel；

ENDFOR

重复执行 10 次 routinel 里的程序。

> **提示**
>
> FOR 指令后面跟的是循环计数值，其不用在程序数据中定义，每次运行一遍 FOR 循环中的指令后会自动执行加 1 操作。

3. WHILE 指令

WHILE 指令的功能是如果条件满足，则重复执行对应程序。

例如：

WHILE reg1<reg2 DO

reg1： = reg1+1；

END WHILE

如果变量 reg1<reg2 一直成立，则重复执行 reg1 加 1，直至 reg1<reg2 条件不成立为止。

4. TEST 指令

TEST 指令的功能是根据指定变量的判断结果，执行对应程序。

例如：

TEST   reg1

CASE   1；

routine1；

CASE   2；

routine2；

DEFAULT；

Stop；

ENDTEST

判断 reg1 数值，若为 1 则执行 routine1；若为 2 则执行 routine2；否则执行 Stop。

> **提示**
>
> 在 CASE 中，若多种条件下执行同一操作，则可合并在同一 CASE 中。

例如：

TEST   reg1

CASE   1，2，3；

```
        routine1;
CASE  4;
        routine2;
DEFAULT;
        Stop;
ENDTEST
```

### 5. 注释行"!"

在语句前面加上"!",则整行语句作为注释行不被程序执行。

例如:

```
! Goto the Pick Position;
MoveL pPick, v1000, fine, tool1 \ WObj: =wobj1;
```

### 6. Offs 偏移功能

Offs 偏移功能是指以选定的目标点为基准,沿着选定工件坐标系的 $X$、$Y$、$Z$ 轴方向偏移一定的距离。

例如:

```
MoveL Offs (p10, 0, 0, 10), v1000, z50, tool1 \ WObj: =wobj1;
```

将机器人 TCP 移动至以 p10 为基准点,沿着 wobj1 的 $Z$ 轴正方向偏移 10mm 的位置。

> **提示**
>
> RelTool 同样为偏移指令,而且可以设置角度偏移,但其参考的坐标系为工具坐标系,如:
>
> MoveL RelTool (p10, 0, 0, 10 \ Rx: =0 \ Ry: =0 \ Rz=45), v1000, z50, tool1;
>
> 即机器人 TCP 移动至以 p10 为基准点,沿着 tool1 坐标系 $Z$ 轴正方向偏移 10mm 的位置,且 TCP 沿着 tool1 坐标系 $Z$ 轴旋转 45°。

### 7. CRobT 功能

CRobT 功能是读取当前机器人目标点位置数据。

例如:

```
PERS   robtarget   p10;
p10: = CRobT(\Tool: =tool1\WObj: =wobj1);
```

读取当前机器人目标点位置数据,指定工具数据为 tool1,工件坐标系数据为 wobj1(若不设定,则默认工具数据为 tool0),之后将读取的目标点数据赋值给 p10。

> **提示**
>
> CJointT 为读取当前机器人各关节轴度数的功能;程序数据 robotTarget 与 JointTarget 之间可以相互转换:
>
> p1: = CalcRboT (jointpos1, tool1 \ WObj: =wobj1);
>
> 将 JointTarget 转换为 robotTarget。
>
> jointpos1: = CalcJointT (p1, tool1 \ WObj: =wobj1);
>
> 将 robotTarget 转换为 JointTarget。

## 任务实施

### 一、任务准备

实施本任务教学所使用的实训设备及工具材料可参考表 2-4-1。

表 2-4-1  实训设备及工具材料

| 序号 | 分类 | 名称 | 型号规格 | 数量 | 单位 | 备注 |
|------|------|------|----------|------|------|------|
| 1 | 工具 | 内六角扳手 | 5.0mm | 1 | 个 | 钳工桌 |
| 2 | | 内六角扳手 | 4.0mm | 1 | 个 | 钳工桌 |
| 3 | 设备器材 | 内六角螺钉 | M4 | 4 | 颗 | 模块存放柜 |
| 4 | | 内六角螺钉 | M5 | 8 | 颗 | 模块存放柜 |
| 5 | | 码垛单元 | | 1 | 个 | 模块存放柜 |
| 6 | | 单吸盘夹具 | | 1 | 套 | 模块存放柜 |

### 二、码垛模型的安装

把码垛放置到实训平台上，选择任意合适位置。用螺钉把模型板固定到实训平台上，如图 2-4-3 所示。

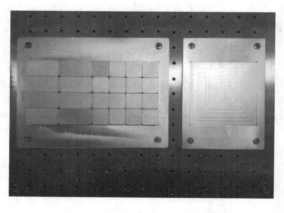

图 2-4-3  码垛模型的安装

### 三、吸盘夹具及夹具电路和气路的安装

#### 1. 吸盘夹具的安装

首先将与机器人的连接法兰安装至机器人六轴法兰盘上，然后再把吸盘夹具安装至连接法兰上，如图 2-4-4 所示。

#### 2. 夹具电路及气路的安装

1）把吸盘手爪、真空发生器、电磁阀之间用合适的气管连接好，并用扎带固定。

2）按照如图 2-4-5 所示的接线图将电磁阀的电路与集成信号接线端子盒进行正确连接。

图 2-4-4 吸盘夹具安装示意图

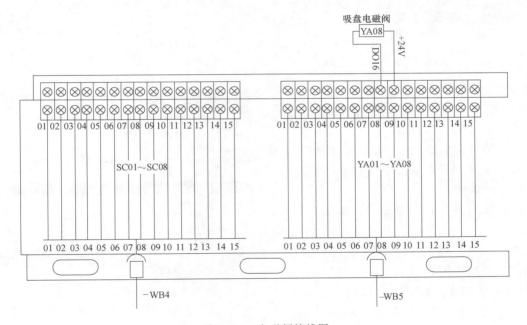

图 2-4-5 电磁阀接线图

## 四、设计控制原理框图

根据控制要求,设计控制原理框图如图 2-2-14 所示。

## 五、码垛吸盘夹具数据设定

此工作站中,工具部件为吸盘工具。此工具部件较为规整,可以直接测量出相关数据进行创建,此处新建的吸盘工具坐标系只是相对于 tool0 来说沿着其 $Z$ 轴正方向偏移 65mm,沿着其 $X$ 轴正方向偏移 83mm,新建吸盘工具坐标系的方向沿用 tool0 方向。具体操作方法如下:

1)进入示教器,单击"ABB"菜单进入"手动操纵"选择"工具坐标"中的"新建",

如图 2-4-6 所示。

2）分别设定"名称""范围""存储类型""任务""模块"等，然后单击"确定"，如图 2-4-7 所示。

图 2-4-6　创建工具坐标

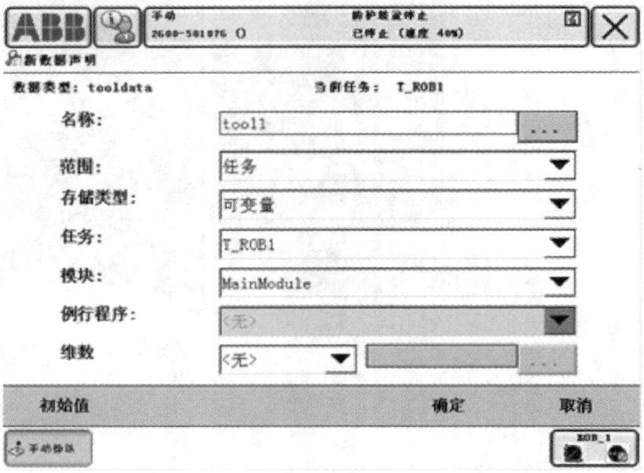

图 2-4-7　设置工具坐标类型

3）选择 tool1，单击"编辑"中的"更改值"对 tool1 工具数据进行设定，如图 2-4-8 所示。

4）TCP 点偏移设定，如图 2-4-9 所示。

5）工具夹具重量设定（也可不设定），如图 2-4-10 所示。

6）工具夹具重心点设定，如图 2-4-11 所示。

7）工具数据的三个数据设定完毕后，单击"确定"，回到工具坐标选项界面，工具数据设定完成，如图 2-4-12 所示。

图 2-4-8　设定工具坐标更改值

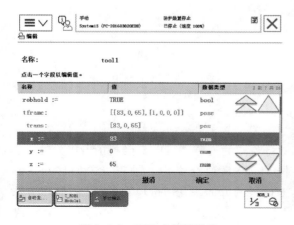

图 2-4-9　TCP 点偏移设定

图 2-4-10　工具夹具重量设定

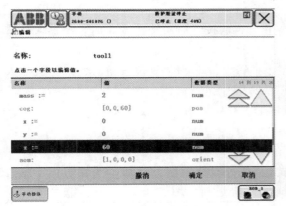

图 2-4-11　工具夹具重心点设定

图 2-4-12　工具数据设定完成画面

## 六、设计两种模式下的机器人 I/O 分配表

### 1. 演示模式下的机器人 I/O 分配表

PLC 控制柜的配线已经完成。PLC 输入信号 X026-X037 对应机器人输出信号 DO1-DO10，PLC 输出信号 Y026-Y037 对应机器人输入信号 DI1-DI10。根据工作站任务要求对机器人 I/O 信号 System Input、System Output 进行配置见表 2-2-2。

### 2. 实训模式下的机器人 I/O 分配表

所有信号均分布在面板上，根据工作站任务要求见表 2-2-3 配置。

## 七、线路安装

### 1. "演示模式"下的接线

"演示模式"下的 PLC 控制柜内配线已完成不需要另外接。

### 2. "实训模式"下的接线

1）根据表 2-2-3 所示完成机器人 I/O 信号和系统信号的关联配置。

2）采用安全连线对工作台夹具执行信号与机器人输出信号进行连接。由机器人 DO16 信号直接控制手爪吸盘动作。

3）机器人的 2 组外部急停信号，必须接至控制柜面板的急停按钮 QS 上。注意机器人 2 组外部急停信号 ES1_ A 对应 ES1_ B；ES2_ A 对应 ES2_ B。

4）根据机器人 I/O 配置表 2-4-2 所示，使用安全连线把机器人输入信号接到面板上的对应的按钮，按钮公共端接 0V；机器人的输出信号接入面板指示灯中，指示灯公共端接 24V。

## 八、PLC 程序设计

PLC 的控制要求如下：

1）机器人处于自动模式，且无报警状态时，HR 指示灯点亮表示系统就绪且处于停止状态。

2）按下 SB1 按钮，系统启动，机器人开始动作，同时 HG 面板运行指示灯亮起，表示系统处于运行状态。

3）按下 SB3 按钮，系统暂停机器人动作停止。再次按下启动按钮 SB1 时，机器人接着上次停止前的动作继续运行。

4）按下 QS 系统紧急停止，机器人紧急停止报警，按下 SB2 复位按钮后，解除机器人急停报警状态。

参照表 2-2-2 的 I/O 分配表，设计的 PLC 梯形图程序如图 2-2-15 所示。

## 九、确定机器人运动所需示教点

码垛套件可灵活自由组合多种排列码垛方式，此处以第一层（底层）为正方形，第二层（上层）为长方形为例。第一层（底层）码放形状规则如图 2-4-13 所示，第二层（上层）码放形状规则如图 2-4-14 所示。

根据上述码垛要求分析并设计机器人的运行轨迹分布图如图 2-4-15 所示，可确定其运动所需的示教点见表 2-4-2。

表 2-4-2 机器人运动所需示教点

| 序号 | 点序号 | 注释 | 备注 |
|---|---|---|---|
| 1 | Home | 机器人初始位置 | 需示教 |
| 2 | Pick10 | 第一个正方形物料吸取位置 | 需示教 |
| 3 | Pick20 | 第一个长方形物料吸取位置 | 需示教 |
| 4 | Place10 | 第一个正方形物料码放位置 | 需示教 |
| 5 | Place20 | 第一个长方形物料码放位置 | 需示教 |

## 十、机器人程序编写

根据机器人运动轨迹编写机器人程序时，首先根据控制要求绘制机器人程序流程图，然后编写机器人主程序和子程序。子程序主要包括机器人初始化子程序、搬运子程序、码垛子程序。编写子程序前要先设计好机器人的运行轨迹并定义好机器人的程序点。

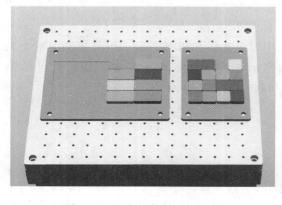

图 2-4-13 底层物料码垛形状

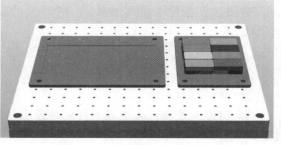

图 2-4-14 上层物料码垛形状

### 1. 设计机器人程序流程图

根据控制功能，设计机器人程序流程图，如图 2-4-16 所示。

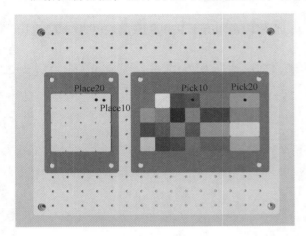

图 2-4-15　机器人
运行轨迹分布图

图 2-4-16　机器人
程序流程图

### 2. 配置 PLC 与机器人系统 I/O 地址及系统输入输出设定

参照任务二所述的方法进行系统输入输出的设定。

### 3. 机器人程序设计

设计的机器人参考程序如下：

```
MODULE Module1
    PERS    robtarget！定义抓取位置 pPick：=［［110,120,8.99964］,［0.00133181,
-0.707106,0.707105,0.0013337］,［0,0,-1,1］,［9E+09,9E+09,9E+09,9E+09,9E+09,9E+
09］］;
    PERS robtarget pPlace：=［408.318,120.174,29.9959］,［0.00135775,-0.707105,
0 707106,0.00135736］,［-1,-1,0,1］,［9E+09,9E+09,9E+09,9E+09,9E+09,9E+09］］;
    PERS robtarget pick10：=［［50.000008299,60.000278956,8.999641126］,
［0.001331814,-0.707106004,0.707105046,0.001333695］,［0,0,-1,1］,［9E9,9E9,9E9,9E9,
9E9,9E9］］;
    PERS robtarget pick20：=［［170.000044143,60.000734923,9.000068323］,
［0.001357564,-0.70710516,0.707105795,0.001357593］,［0,0,-1,1］,［9E9,9E9,9E9,
9E9,9E9,9E9］］;
    PERS robtarget place10：=［［348.318011656,60.173918809,29.995924403］,
［0.001357753,-0.707105332,0.707105624,0.001357359］,［-1,-1,0,1］,［9E9,9E9,9E9,
9E9,9E9,9E9］］;
    PERS robtarget place20：=［［348.317974854,60.173932819,39.995779856］,
［0.001357641,-0.70710551,0.707105446,0.001357477］,［-1,-1,0,1］,［9E9,9E9,9E9,9E9,
9E9,9E9］］;
    PERS robtarget pHome：=［［232.436865395,68.577571926,378.543737511］,
```

[0.00135751,-0.707105688,0.707105269,0.001357411],[-1,-1,0,1],[9E9,9E9,9E9,9E9,9E9,9E9]];

```
        PERS num nCount:=0;
        TASK PERS tooldata tool1:=[TRUE,[[83,0,65],[1,0,0,0]],[1,[0,0,60],[1,0,0,0],0,0,0]];
        TASK PERS wobjdata wobj1:=[FALSE,TRUE,"",[[0,0,0],[1,0,0,0]],[[0,0,0],[1,0,0,0]]];
    ! 主程序开始
    PROC MAIN()
        rIntiAll; ! 调用初始化子程序
        WHILE TRUE DO! 循环
        rPick;! 搬运子程序
        rPlace;! 码放子程序
        ENDWHILE
    ENDPROC
    ! 初始化子程序
    PROC rIntiAll()
    AccSet 100,100;
    VelSet 50,5000;! 速度设置
    nCount:=1;
    reg1:=30;! 正方形物料的长宽均为30,长方形的宽也为30
    reg2:=60;! 长方形物料Y方向上的偏移量

    reg3:=0;
    Reset d0_16;
    MoveJ pHome,v1000,z10,Gripper_1\WObj:=Workobject_1;
    WaitTime 0.1;
    ENDPROC
    PROC rPick()! 搬运子程序
        CallPos;! 调用POS子程序对当前的搬运位置进行计算
        MoveJ offs(pPick,0,0,50),v1000,z50,Gripper_1\WObj:=Workobject_1;
        MoveL pPick,v50,fine,Gripper_1\WObj:=Workobject_1;
        Set do_16;
        WaitTime 0.8;
        MoveL offs(pPick,0,0,50),v800,fine,Gripper_1\WObj:=Workobject_1;
        ENDPROC
        PROC rPlace()
            MoveL offs(pPlace,0,0,50),v1000,z50,Gripper_1\WObj:=Workobject_1;
            MoveL pPlace,v50,fine,Gripper_1\WObj:=Workobject_1;
```

```
        Reset do_16;
        WaitTime 0.8;
        MoveL offs(pPlace,0,0,50),v800,fine,Gripper_1\WObj:=Workobject_1;
        rPlaceRD;
```

ENDPROC

PROC CallPos()! POS 子程序用于计算当前吸盘的拾取点位置和码放位置

TEST nCount! 判断 nCount 计数的值

CASE 1:! nCount 等于 1 时直接对 pPick 点 pPlace 点进行赋值,不偏移

pPick:=Offs(pick10,0,0,0);

pPlace:=Offs(place10,0,0,0);

CASE 2:! nCount 等于 2 时直接对 pPick 点 和 pPlace 点进行赋值 $X$ 方向偏移 reg1 距离

pPick:=Offs(pick10,reg1,0,0);

pPlace:=Offs(place10,reg1,0,0);

CASE 3:! 以下同上,不在详述

pPick:=Offs(pick10,reg1 * 2,0,0);

pPlace:=Offs(place10,reg1 * 2,0,0);

CASE 4:

pPick:=Offs(pick10,reg1 * 3,0,0);

pPlace:=Offs(place10,reg1 * 3,0,0);

CASE 5:

pPick:=Offs(pick10,0,reg2,0);

pPlace:=Offs(place10,0,reg2,0);

CASE 6:

pPick:=Offs(pick10,reg1,reg2,0);

pPlace:=Offs(place10,reg1,reg2,0);

CASE 7:

pPick:=Offs(pick10,reg1 * 2,reg2,0);

pPlace:=Offs(place10,reg1 * 2,reg2,0);

CASE 8:

pPick:=Offs(pick10,reg1 * 3,reg2,0);

pPlace:=Offs(place10,reg1 * 3,reg2,0);

DEFAULT:

ENDTEST

IF nCount>8 and nCount<13 THEN! 如果 nCount = 9、10、11、12 时开始搬运正方形物料

pPick:=Offs(pick20,reg1 * reg3,0,0);

pPlace:=Offs(place20,reg1 * reg3,0,0);

```
        ELSEIF nCount>12 and nCount<17 THEN
            pPick: = Offs(pick20,reg1 * reg3,reg1,0);
            pPlace: = Offs(place20,reg1 * reg3,reg1,0);
        ELSEIF nCount>16 and nCount<21 THEN
            pPick: = Offs(pick20,reg1 * reg3,reg1 * 2,0);
            pPlace: = Offs(place20,reg1 * reg3,reg1 * 2,0);
        ELSEIF nCount>20 and nCount<25 THEN
            pPick: = Offs(pick20,reg1 * reg3,reg1 * 3,0);
            pPlace: = Offs(place20,reg1 * reg3,reg1 * 3,0);
        ENDIF
    ENDPROC
    PROC rPlaceRD()
        nCount: = nCount+1;
        Incr reg3;
        IF reg3>3 THEN
            reg3: = 0;
        ENDIF
        IF nCount>24 THEN
            TPErase;
            TPWrite "Pick&Place done,the robot will stop!";
            nCount: = 1;
            Reset do_Grip;
            MoveJ pHome,v1000,z10,Gripper_1\WObj: = Workobject_1;
            Stop;
        ENDIF
    ENDPROC
ENDMODULE
```

**4. 程序数据修改**

1）机器人程序位置点的修改。手动操纵机器人到所要修改点的位置，进入"程序数据"中的"robtarget"（机器人点位置数据修改）数据，选择所要修改的点，单击"编辑"中的"修改位置"完成修改，如图 2-4-17 所示。

2）同理，依次完成其他点的修改。

 检查测评

对任务实施的完成情况进行检查，并将结果填入表 2-4-3 内。

图 2-4-17 机器人程序位置点的修改

表 2-4-3　任务测评表

| 序号 | 主要内容 | 考核要求 | 评分标准 | 配分 | 扣分 | 得分 |
|------|----------|----------|----------|------|------|------|
| 1 | 安装 | 夹具与模块固定牢紧，不缺少螺钉 | 1. 夹具与模块安装位置不合适，扣 5 分<br>2. 夹具或模块松动，扣 5 分<br>3. 损坏夹具或模块，扣 10 分<br>4. 面板插线松动、为按工艺要求插线扣 5 分 | 20 | | |
| 2 | 机器人程序设计与示教操作 | I/O 配置完整，程序设计正确，机器人示教正确 | 1. 操作机器人动作不规范，扣 5 分<br>2. 机器人不能完成物料码垛，每个物料扣 2 分<br>3. 缺少 I/O 配置，每个扣 1 分<br>4. 程序缺少输出信号设计，每个扣 1 分<br>5. 工具坐标系定义错误或缺失，每个扣 5 分<br>6. 演示模式时不能通过 PLC 程序正常进行系统集成，扣 20 分<br>7. 实训模式时不能通过面板插线的按钮正常启动机器人，扣 10 分 | 70 | | |
| 3 | 安全文明生产 | 劳动保护用品穿戴整齐，遵守操作规程，讲文明礼貌，操作结束要清理现场 | 1. 操作中，违反安全文明生产考核要求的任何一项扣 5 分，扣完为止<br>2. 当发现学生有重大事故隐患时，要立即予以制止，并每次扣安全文明生产，总分 5 分 | 10 | | |
| 合计 | | | | | | |
| 开始时间： | | | 结束时间： | | | |

# 任务五　工业机器人搬运单元的编程与操作

## 学习目标

知识目标：1. 掌握搬运单元的机器人程序编写。

2. 掌握工业机器人吸盘手爪的控制使用。

3. 掌握工业机器人搬运路径的设计方法。

能力目标：1. 能够完成模块及单吸盘夹具的安装。

2. 能够完成搬运单元的机器人程序编写。

3. 能够完成搬运单元系统设计与调试。

## 工作任务

图 2-5-1 所示为某工业机器人搬运单元工作站，其模型结构示意图如图 2-5-2 所示。本任务采用示教编程方法，操作机器人实现搬运单元运动轨迹的示教。

具体控制要求如下：

### 1. 实训模式

使用安全连线对各个信号正确连接。要求：控制面板上急停按钮 QS 拍下后机器人出现紧急停止报警；机器人在自动模式时可通过面板按钮 SB1 控制机器人电动机上电；SB2 按钮控制机器人从主程序开始运行；SB3 按钮可控制机器人停止；SB4 按钮可控制机器人开始运

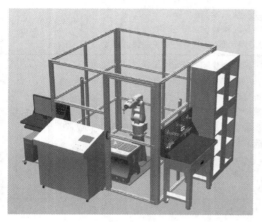

图 2-5-1　工业机器人搬运单元模型工作站

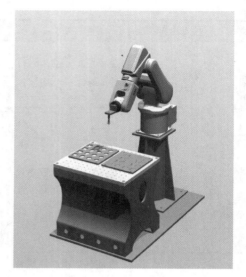

图 2-5-2　搬运模型结构示意图

行；H1 指示灯显示机器人自动运行状态；H2 指示灯显示电机上电状态。

**2. 演示模式**

采用可编程控制器对机器人状态信号进行控制。要求：机器人切换至自动模式时 HR 指示灯亮起，表示系统准备就绪，且处于停止状态；按下 SB1 系统启动按钮，HG 运行指示灯亮起，HR 指示灯灭掉；同时机器人进行上电运行，开始码垛工作；机器人码垛工作结束后回到工作原点位置后停止，且 HR 灯亮起表示系统停止。

## 相关知识

### 一、工业机器人搬运模型工作站

工业机器人搬运模型工作站由两块底板座均采用不锈钢制造，且分别有四组不同形状和编号的工件组成，有圆形、正方形、六边形等。搬运模型由两块图块固定板，多形状物料（正方形、圆形、六边形、椭圆形）组成，如图 2-5-3 所示。机器人通过吸盘夹具依次把一个物料板摆放好的多种形状物料拾取搬运到另一个物料板上；可对机器人点对点搬运进行练习，且搬运的物料形状、角度的不同。本模型可更加深入学习如何控制机器人点到点示教时的角度姿态，并学习机器人 OFFS 偏移指令以及机器人重定位姿态控制。

图 2-5-3　搬运模型

### 二、数组的使用方法

在定义程序数据时，可以将同种类型、同种用途的数值存放在同一数据中，当调用该数据时需要写明索引号来指定调用的是该数据中的哪个数值，这就是所谓的数组。在 RAPID 中，可以定义一维数组、二维数组以及三维数组。

例如，一维数组：

VAR num num1{3}:=[5,7,9];

！定义一维数组 num1

num2:=num1{2};

！num2 被赋值为 7

例如，二维数组：

VAR num num1{3,4}:=[1,2,3,4][5,6,7,8][9,10,11,12];

！定义一维数组 num1

num2:=num1{3,2};

！num2 被赋值为 10

在程序编写过程中，当需要调用大量的同种类型、同种用途的数据时创建数据时可以利用数组来存放这些数据，这样便于在编程过程中对其进行灵活调用。甚至在大量 I/O 信号调用过程中，也可以先将 I/O 信号进行别名操作，即将 I/O 信号与信号数据关联起来，之后将这些信号数据定义为数组类型，在程序编写中便于对同种类型、同种用途的信号进行调用。

## 任务实施

### 一、任务准备

实施本任务所使用的实训设备及工具材料可参考表 2-5-1。

表 2-5-1　实训设备及工具材料

| 序号 | 分类 | 名称 | 型号规格 | 数量 | 单位 | 备注 |
|---|---|---|---|---|---|---|
| 1 | 工具 | 内六角扳手 | 4.0mm | 1 | 个 | 钳工桌 |
| 2 | | 内六角扳手 | 5.0mm | 1 | 个 | 钳工桌 |
| 3 | 设备器材 | 内六角螺钉 | M4 | 4 | 颗 | 模块存放柜 |
| 4 | | 内六角螺钉 | M5 | 8 | 颗 | 模块存放柜 |
| 5 | | 搬运模型套件 | | 1 | 套 | 模块存放柜 |
| 6 | | 吸盘手爪夹具 | | 1 | 套 | 模块存放柜 |

### 二、搬运模型的安装

把搬运模型套件在实训平台上放置到合适位置，并保持安装螺钉孔与实训平台固定螺钉孔对应，用螺钉把其锁紧，如图 2-5-4 所示。

### 三、吸盘夹具及夹具电路和气路的安装

#### 1. 吸盘夹具的安装

首先将与机器人的连接法兰安装至机器人六轴法兰盘上，然后再把吸盘夹具安装至连接法兰上，如图 2-4-4 所示。

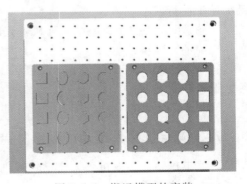

图 2-5-4　搬运模型的安装

**2. 夹具电路及气路的安装**

1）把吸盘手爪、真空发生器、电磁阀之间用合适的气管连接好，并用扎带固定。

2）按照如图 2-4-5 所示的接线图将电磁阀的电路与集成信号接线端子盒进行正确连接。

## 四、设计控制原理方框图

根据控制要求，设计控制原理框图如图 2-2-14 所示。

## 五、设计两种模式下的 I/O 分配表

### 1. 演示模式的 I/O 分配表

PLC 控制柜的配线已经完成。PLC 输入信号 X026～X037 对应机器人输出信号 DO1～DO10，PLC 输出信号 Y026～Y037 对应机器人输入信号 DI1～DI10。根据工作站任务要求，对机器人 I/O 信号 System Input、System Output 进行配置见表 2-2-2。

### 2. 实训模式下的机器人 I/O 分配表

所有信号均分布在面板上，根据工作站任务要求见表 2-2-3 配置。

## 六、线路安装

### 1. 演示模式下的接线

演示模式下的 PLC 控制柜内配线已完成不需要另外接。

### 2. 实训模式下的接线

根据表 2-2-3 所示完成机器人 I/O 信号和系统信号的关联配置。要求使用安全连线把机器人输入信号 DI1、DI2、DI3、DI4，接到对应面板上的 SB1、SB2、SB3、SB4 按钮。按钮公共端接 0V；机器人的输出信号 DO1、DO2 接入面板指示灯 H1、H2 中，指示灯公共端接 24V。工艺要求如下：

1）所有安全连线用扎带固定，控制面板上布线合理布局美观。

2）安全连线插线牢靠，无松动。

## 七、PLC 程序设计

PLC 的控制要求如下：

1）机器人处于自动模式时，且无报警状态时。HR 指示灯点亮表示系统就绪且处于停止状态。

2）按下 SB1 按钮，系统启动。机器人开始动作，同时 HG 面板运行指示灯亮起，表示系统处于运行状态。

3）按下 SB3 按钮，系统暂停机器人动作停止，再次按下启动按钮 SB1 时机器人接着上次停止前的动作继续运行。

4）按下 QS 系统紧急停止，机器人紧急停止报警，按下 SB2 复位按钮后，解除机器人急停报警状态。

参照表 2-2-2 的 I/O 分配表，设计的 PLC 梯形图程序如图 2-2-15 所示。

## 八、确定机器人运动所需示教点

根据工作站任务对机器人运动轨迹进行分解，选择对应的示教点位置。本任务搬运点较为基础，在此不再详述。

## 九、机器人程序编写

根据机器人运动轨迹编写机器人程序时，首先根据控制要求绘制机器人程序流程图，然后编写机器人主程序和子程序。子程序主要包括机器人初始化子程序、抓取物料子程序、码放物料子程序。编写子程序前要先设计好机器人的运行轨迹及定义好机器人的程序点。

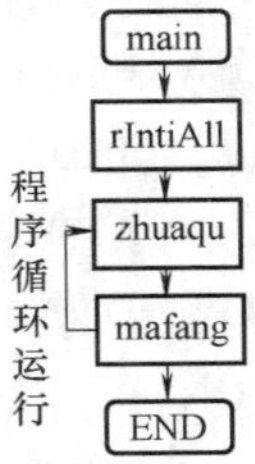

### 1. 设计机器人程序流程图

根据控制功能，设计机器人程序流程图，如图 2-5-5 所示。

### 2. 系统输入输出设定

参照任务 2 所述的方法进行系统输入输出的设定，在此不再赘述。

图 2-5-5 机器人程序流程图

### 3. 机器人程序设计

机器人参考程序如下：

```
MODULE MainModule
    VAR num r1:=0;
    CONST jointtarget jpos10:=[[0,0,0,0,0,0],[9E+09,9E+09,9E+09,9E+09,9E+09,9E+09]];
    CONST robtarget p0:=[[430.03,149.61,218.44],[0.70715,-0.000218716,0.707064,0.00021446],[0,0,-1,1],[9E+09,9E+09,9E+09,9E+09,9E+09,9E+09]];
    CONST robtarget p10:=[[430.03,207.01,44.58],[0.70715,-0.000219468,0.707064,0.000214336],[0,0,-1,1],[9E+09,9E+09,9E+09,9E+09,9E+09,9E+09]];
    CONST robtarget p20:=[[440.50,204.63,11.77],[0.70715,-0.000219263,0.707063,0.000215396],[0,0,-1,1],[9E+09,9E+09,9E+09,9E+09,9E+09,9E+09]];
    CONST robtarget p30:=[[440.50,204.63,89.44],[0.707151,-0.000219375,0.707063,0.000215346],[0,0,-1,1],[9E+09,9E+09,9E+09,9E+09,9E+09,9E+09]];
    CONST robtarget p40:=[[443.37,149.46,233.04],[0.70715,-0.000218913,0.707064,0.0002143],[0,0,-1,1],[9E+09,9E+09,9E+09,9E+09,9E+09,9E+09]];
    CONST robtarget p50:=[[443.37,154.09,89.56],[0.70715,-0.000219261,0.707064,0.00021407],[0,0,-1,1],[9E+09,9E+09,9E+09,9E+09,9E+09,9E+09]];
    CONST robtarget p60:=[[443.37,152.87,12.62],[0.70715,-0.000219464,0.707063,0.00021432],[0,0,-1,1],[9E+09,9E+09,9E+09,9E+09,9E+09,9E+09]];
    CONST robtarget p70:=[[443.37,152.87,116.00],[0.70715,-0.000219495,0.707063,0.000213948],[0,0,-1,1],[9E+09,9E+09,9E+09,9E+09,9E+09,9E+09]];
    CONST robtarget p80:=[[414.41,109.14,221.70],[0.707151,-0.000219949,0.707063,0.000213993],[0,0,-1,1],[9E+09,9E+09,9E+09,9E+09,9E+09,9E+09]];
    CONST robtarget p90:=[[443.46,100.09,46.63],[0.707151,-0.000219988,0.707063,0.000214528],[0,0,-1,1],[9E+09,9E+09,9E+09,9E+09,9E+09,9E+09]];
```

CONST robtarget p100:=[[443.46,100.09,12.28],[0.707151,-0.000219967,0.707062,0.000214484],[0,0,-1,1],[9E+09,9E+09,9E+09,9E+09,9E+09,9E+09]];

CONST robtarget p110:=[[443.46,100.09,93.53],[0.707151,-0.00022034,0.707062,0.000214589],[0,0,-1,1],[9E+09,9E+09,9E+09,9E+09,9E+09,9E+09]];

CONST robtarget p120:=[[443.46,46.67,157.90],[0.707151,-0.000220272,0.707062,0.000214529],[0,0,-1,1],[9E+09,9E+09,9E+09,9E+09,9E+09,9E+09]];

CONST robtarget p130:=[[438.19,46.67,37.63],[0.707152,-0.000220158,0.707062,0.000214636],[0,0,-1,1],[9E+09,9E+09,9E+09,9E+09,9E+09,9E+09]];

CONST robtarget p140:=[[441.06,49.01,11.98],[0.707152,-0.00021998,0.707062,0.000214461],[0,0,0,1],[9E+09,9E+09,9E+09,9E+09,9E+09,9E+09]];

CONST robtarget p150:=[[441.06,49.01,80.17],[0.707152,-0.000219934,0.707062,0.000214832],[0,0,-1,1],[9E+09,9E+09,9E+09,9E+09,9E+09,9E+09]];

CONST robtarget p160:=[[374.00,-0.00,630.00],[0.707107,5.27994E-23,0.707107,-5.27994E-23],[-1,0,0,0],[9E+09,9E+09,9E+09,9E+09,9E+09,9E+09]];

CONST robtarget p170:=[[374.00,-0.00,630.00],[0.707107,5.27994E-23,0.707107,-5.27994E-23],[-1,0,0,0],[9E+09,9E+09,9E+09,9E+09,9E+09,9E+09]];

CONST robtarget p180:=[[374.00,-0.00,630.00],[0.707107,5.27994E-23,0.707107,-5.27994E-23],[-1,0,0,0],[9E+09,9E+09,9E+09,9E+09,9E+09,9E+09]];

CONST robtarget p190:=[[374.00,-0.00,630.00],[0.707107,5.27994E-23,0.707107,-5.27994E-23],[-1,0,0,0],[9E+09,9E+09,9E+09,9E+09,9E+09,9E+09]];

CONST robtarget p200:=[[442.61,-204.89,205.83],[0.703126,0.000452102,0.711055,0.00363827],[-1,-1,0,1],[9E+09,9E+09,9E+09,9E+09,9E+09,9E+09]];

CONST robtarget p210:=[[442.61,-204.89,42.95],[0.703127,0.000451876,0.711055,0.00363844],[-1,-1,0,1],[9E+09,9E+09,9E+09,9E+09,9E+09,9E+09]];

CONST robtarget p220:=[[442.61,-204.89,12.55],[0.703127,0.000452245,0.711055,0.00363828],[-1,-1,0,1],[9E+09,9E+09,9E+09,9E+09,9E+09,9E+09]];

CONST robtarget p230:=[[442.61,-204.89,67.96],[0.703127,0.0004523,0.711055,0.00363834],[-1,-1,0,1],[9E+09,9E+09,9E+09,9E+09,9E+09,9E+09]];

CONST robtarget p240:=[[442.61,-127.84,199.09],[0.703127,0.000451198,0.711055,0.00363819],[-1,-1,0,1],[9E+09,9E+09,9E+09,9E+09,9E+09,9E+09]];

CONST robtarget p250:=[[442.61,-153.13,51.94],[0.703127,0.000451212,0.711055,0.00363806],[-1,-1,0,1],[9E+09,9E+09,9E+09,9E+09,9E+09,9E+09]];

CONST robtarget p260:=[[442.61,-153.13,14.63],[0.703127,0.000451603,0.711055,0.00363834],[-1,-1,0,1],[9E+09,9E+09,9E+09,9E+09,9E+09,9E+09]];

CONST robtarget p270:=[[442.61,-153.13,111.27],[0.703127,0.000451838,0.711055,0.00363825],[-1,-1,0,1],[9E+09,9E+09,9E+09,9E+09,9E+09,9E+09]];

CONST robtarget p280:=[[442.61,-98.17,171.40],[0.703127,0.000451984,0.711055,0.0036378],[-1,-1,0,1],[9E+09,9E+09,9E+09,9E+09,9E+09,9E+09]];

CONST robtarget p290: = [[442. 61, -98. 17, 70. 17], [0. 703127, 0. 000452069, 0. 711055, 0. 00363785], [-1, -1, 0, 1], [9E+09, 9E+09, 9E+09, 9E+09, 9E+09, 9E+09]];

CONST robtarget p300: = [[441. 72, -101. 67, 11. 94], [0. 703127, 0. 00045148, 0. 711055, 0. 0036385], [-1, -1, 0, 1], [9E+09, 9E+09, 9E+09, 9E+09, 9E+09, 9E+09]];

CONST robtarget p310: = [[441. 72, -101. 67, 64. 03], [0. 703127, 0. 000451686, 0. 711055, 0. 00363837], [-1, -1, 0, 1], [9E+09, 9E+09, 9E+09, 9E+09, 9E+09, 9E+09]];

CONST robtarget p320: = [[441. 72, -48. 88, 250. 70], [0. 703127, 0. 000451584, 0. 711055, 0. 00363826], [-1, -1, 0, 1], [9E+09, 9E+09, 9E+09, 9E+09, 9E+09, 9E+09]];

CONST robtarget p330: = [[441. 72, -48. 88, 31. 50], [0. 703127, 0. 000451644, 0. 711055, 0. 00363837], [-1, -1, 0, 1], [9E+09, 9E+09, 9E+09, 9E+09, 9E+09, 9E+09]];

CONST robtarget p340: = [[441. 72, -49. 04, 11. 19], [0. 703127, 0. 000452163, 0. 711055, 0. 00363796], [-1, -1, 0, 1], [9E+09, 9E+09, 9E+09, 9E+09, 9E+09, 9E+09]];

CONST robtarget p350: = [[441. 72, -49. 04, 78. 20], [0. 703127, 0. 000452346, 0. 711055, 0. 00363807], [-1, -1, 0, 1], [9E+09, 9E+09, 9E+09, 9E+09, 9E+09, 9E+09]];

CONST robtarget p360: = [[374. 00, -0. 00, 630. 00], [0. 707107, 5. 27994E-23, 0. 707107, -5. 27994E-23], [-1, 0, 0, 0], [9E+09, 9E+09, 9E+09, 9E+09, 9E+09, 9E+09]];

VAR num r2: = 0;

VAR num r3: = 0;

VAR num r4: = 0;

PROC main( )

　　rIntiAll;! 调用初始化子程序

　　WHILE r1 < 16 DO! 循环 16 次

　　zhuaqu;

　　mafang;

　　r1 : = r1 + 1;

　　ENDWHILE

　　PulseDO\PLength: = 1, DO10_3;! 机器人工作完成信号反馈

　　Stop;! 机器人工作完成后停止

ENDPROC

PROC rIntiAll( )

　　MoveAbsJ jpos10\NoEOffs, v1000, fine, tool1;

　　Reset DO10_1;

　　Reset DO10_2;

　　Reset DO10_3;

　　r1 : = 0;

　　r2 : = 0;

　　r3 : = 0;

　　r4 : = 0;

ENDPROC

```
PROC zhuaqu( )
    IF r1<4 THEN
    MoveJ p0, v1500, z10, tool1;
    MoveJ Offs(p10,52 * r1,0,0), v1500, z10, tool1;
    MoveJ Offs(p20,52 * r1,0,0),v1500,fine,tool1;
    SetDO DO10_1,1;
    WaitTime 1;
    Movel Offs(p30,52 * r1,0,0),v1500,fine,tool1;
    Reset DO10_1;
    ENDIF
    IF r1<8 and r1>3 THEN
    MoveJ p40,v1500,z10,tool1;
    MoveJ Offs(p50,52 * r2,0,0), v1500, z10, tool1;
    MoveJ Offs(p60,52 * r2,0,0),v1500,fine,tool1;
    SetDO DO10_1,1;
    WaitTime 1;
    Movel Offs(p70,52 * r2,0,0),v1500,fine,tool1;
    Reset DO10_1;
    ENDIF
    IF r1<12 and r1>7 THEN
    MoveJ p80,v1500,z10,tool1;
    MoveJ Offs(p90,52 * r3,0,0), v1500, z10, tool1;
    MoveJ Offs(p100,52 * r3,0,0),v1500,fine,tool1;
    SetDO DO10_1,1;
    WaitTime 1;
    Movel Offs(p110,52 * r3,0,0),v1500,fine,tool1;
    Reset DO10_1;
    ENDIF
    IF r1<16 and r1>11 THEN
    MoveJ p120,v1500,z10,tool1;
    MoveJ Offs(p130,52 * r4,0,0), v1500, z10, tool1;
    MoveJ Offs(p140,52 * r4,0,0),v1500,fine,tool1;
    SetDO DO10_1,1;
    WaitTime 1;
    Movel Offs(p150,52 * r4,0,0),v1500,fine,tool1;
    Reset DO10_1;
    ENDIF
    MoveAbsJ jpos10\NoEOffs, v1000, fine, tool1;
ENDPROC
```

```
PROC mafang( )
    IF r1<4 THEN
    MoveJ p200,v1500,z10,tool1;
    MoveJ Offs(p210,52*r1,0,0), v1500, z10, tool1;
    MoveJ Offs(p220,52*r1,0,0),v1500,fine,tool1;
    Set DO10_2;
    WaitTime 1;
    Movel Offs(p230,52*r1,0,0),v1500,fine,tool1;
    reset do10_2;
    ENDIF
    IF r1<8 and r1>3 THEN
    MoveJ p240,v1500,z10,tool1;
    MoveJ Offs(p250,52*r2,0,0), v1500, z10, tool1;
    MoveJ Offs(p260,52*r2,0,0),v1500,fine,tool1;
    Set DO10_2;
    WaitTime 1;
    Movel Offs(p270,52*r2,0,0),v1500,fine,tool1;
    reset do10_2;
    r2 :=r2+1;
    ENDIF
    IF r1<12 and r1>7 THEN
    MoveJ p280,v1500,z10,tool1;
    MoveJ Offs(p290,52*r3,0,0), v1500, z10, tool1;
    MoveJ Offs(p300,52*r3,0,0),v1500,fine,tool1;
    Set DO10_2;
    WaitTime 1;
    Movel Offs(p310,52*r3,0,0),v1500,fine,tool1;
    reset do10_2;
     r3 :=r3+1;
    ENDIF
    IF r1<16 and r1>11 THEN
    MoveJ p320,v1500,z10,tool1;
    MoveJ Offs(p330,52*r4,0,0), v1500, z10, tool1;
    MoveJ Offs(p340,52*r4,0,0),v1500,fine,tool1;
    Set DO10_2;
    WaitTime 1;
    Movel Offs(p350,52*r4,0,0),v1500,fine,tool1;
    reset do10_2;
    r4 :=r4+1;
```

```
        ENDIF
        MoveAbsJ jpos10\NoEOffs, v1000, fine, tool1;
    ENDPROC
    ENDMODULE
```

#### 4. 程序数据修改

1）机器人程序位置点的修改。手动操纵机器人到所要修改点的位置，进入"程序数据"中的"robtarget"数据，选择所要修改的点，单击"编辑"中的"修改位置"完成修改，如图 2-5-6 所示。

2）同理，依次完成 P2、P3、P4、P5、P6 的示教修改。

 检查测评

对任务实施的完成情况进行检查，并将结果填入表 2-5-2 内。

图 2-5-6　机器人程序位置点的修改

表 2-5-2　任务测评表

| 序号 | 主要内容 | 考核要求 | 评分标准 | 配分 | 扣分 | 得分 |
|---|---|---|---|---|---|---|
| 1 | 安装 | 夹具与模块固定紧固，不缺少螺钉 | 1. 夹具与模块安装位置不合适，扣 5 分<br>2. 夹具或模块松动，扣 5 分<br>3. 损坏夹具或模块，扣 10 分<br>4. 面板插线松动、未按工艺要求插线扣 5 分 | 20 | | |
| 2 | 机器人程序设计与示教操作 | I/O 配置完整，程序设计正确，机器人示教正确 | 1. 操作机器人动作不规范，扣 5 分<br>2. 机器人不能完成物料搬运，每个物料扣 2 分<br>3. 缺少 I/O 配置，每个扣 1 分<br>4. 程序缺少输出信号设计，每个扣 1 分<br>5. 工具坐标系定义错误或缺失，每个扣 5 分<br>6. 演示模式时不能通过 PLC 程序正常进行系统集成，扣 20 分<br>7. 实训模式时不能通过面板插线的按钮正常启动机器人，扣 10 分 | 70 | | |
| 3 | 安全文明生产 | 劳动保护用品穿戴整齐，遵守操作规程，讲文明礼貌，操作结束要清理现场 | 1. 操作中，违反安全文明生产考核要求的任何一项扣 5 分，扣完为止<br>2. 当发现学生有重大事故隐患时，要立即予以制止，并每次扣安全文明生产总分 5 分 | 10 | | |
| 合　计 | | | | | | |
| 开始时间： | | | 结束时间： | | | |

## 任务六　　工业机器人写字绘图单元的编程与操作

### 学习目标

知识目标：

1. 掌握六轴工业机器人的基本移动指令的编程与示教。

2. 掌握机器人工件坐标的建立。

3. 掌握机器人工具坐标的建立。

能力目标：

1. 能够完成绘图单元模块及笔形夹具的安装。

2. 能够完成绘图模型系统设计与调试。

3. 手动模式下能够运用各种动作模式对机器人轨迹点进行示教。

### 工作任务

图 2-6-1 所示为某工业机器人写字绘图单元模型工作站，该工作站主要由书写平台、书写笔夹具等组成。书写平台可供 A3 大小纸张平放，也可根据要求自由更换纸张大小。本任务采用示教编程方法，可自由操作机器人实现写字绘画功能，可根据示教点自定义字体和图案。

### 相关知识

图 2-6-1　工业机器人写字绘图单元模型工作站

#### 一、工业机器人写字绘图模型工作站

写字工作站主要由书写平台、绘图夹具、固定磁铁、绘图笔、A3 纸等组成。绘图笔可轴向移动，防止示教时笔尖划破纸张，如图 2-6-2 所示。

本工作站所采用的是一款额定负载 3kg，小型 6 个自由度的 IRB 型工业机器人，它由机器人本体、控制器、示教器和连接电缆组成。

#### 二、轴配置监控指令（ConfL）

轴配置监控指令（ConfL）的功能是指定机器人在直线运动及圆弧运动过程中是否严格遵循程序中已设定的轴配置参数。在默认情况下，轴配置监控是打开的。当关闭轴配置监控后，机器人在运动过程中采取最接近当前轴配置数据的

图 2-6-2　写字绘图工作站的组成

配置到达指定目标点。

例如：目标点 p10 中，数据 ［1，0，1，0］ 就是此目标点的轴配置数据。

CONST robtarget

P10：=[[＊,＊,＊],[＊,＊,＊,＊],[1,0,1,0], [9E9, 9E9, 9E9, 9E9, 9E9, 9E9]]；

ConfL\Off；

MoveL p10,v1000,fine,tool0；

机器人自动匹配一组最接近当前各关节轴姿态的轴配置数据移动至目标点 p10，到达 p10 时，轴配置数据不一定为程序中指定的 ［1，0，1，0］。

在某些应用场合，若离线编程创建目标点或手动示教相邻两目标点间轴配置数据相差较大，在机器人运动过程中容易出现报警"轴配置错误"而造成停机。此种情况下，若对轴配置要求较高，则一般通过添加中间过渡点来解决；若对轴配置要求不高，则可通过指令 ConfL \ Off 关闭轴监控，使机器人自动匹配可行的轴配置来到达指定目标点。

ConfJ 的用法与 ConfL 相同，只不过前者为关节线性运动过程中的轴监控开关，影响的是 MoveJ；而后者为线性运动过程中的轴监控开关，影响的是 MoveL。

### 三、计时指令

在机器人运动过程中，经常需要利用计时功能来计算当前机器人的运动节拍，并通过写屏指令显示相关信息。

现以一个完整的计时案例介绍关于计时并显示计时信息的综合运用。程序如下：

VAR clock clock1；

！定义时钟数据 clock1

VAR num Cycle Time；

！定义数字型数据 Cycle Time,用于存储时间数值

ClkReset clock1；

！时钟复位

ClkStart clock1；

！开始计时

ClkStop clock1；

！停止计时

Cycle Time：= ClkRead(clock1)；

！读取时钟当前值,并赋值给 Cycle Time

TPErase；

！清屏

TPWrite"The Last Cycle Time is"\Num：= Cycle Time；

！写屏，在示教器屏幕上显示节拍信息，假设当前数值 Cycle Time 为 10，则示教器屏幕上最终显示信息为"The Last Cycle Time is 10"。

# 任务实施

## 一、任务准备

实施本任务教学所使用的实训设备及工具材料可参考表 2-6-1。

表 2-6-1　实训设备及工具材料

| 序号 | 分类 | 名称 | 型号规格 | 数量 | 单位 | 备注 |
|---|---|---|---|---|---|---|
| 1 | 工具 | 内六角扳手 | 4.0mm | 1 | 个 | 钳工桌 |
| 2 | | 内六角扳手 | 5.0mm | 1 | 个 | 钳工桌 |
| 3 | 设备器材 | 内六角螺钉 | M4 | 4 | 颗 | 模块存放柜 |
| 4 | | 内六角螺钉 | M5 | 18 | 颗 | 模块存放柜 |
| 5 | | 绘图夹具 | 包含绘图笔 | 1 | 套 | 模块存放柜 |
| 6 | | 写字绘图套件 | | 1 | 个 | 模块存放柜 |

## 二、写字绘图模型与夹具的安装

### 1. 写字绘图模型的安装

把书写平台放置到机器人操作对象承载台的合适位置，并保持安装螺钉孔与实训平台固定螺钉孔对应，用螺钉把其锁紧，如图 2-6-3 所示。

### 2. 夹具的安装

首先把夹具与机器人的连接法兰安装至机器人六轴法兰盘上，然后再把手爪夹具安装至连接法兰上，最后把弹簧头金属笔放置在手爪夹具手指中。（手爪夹具初始姿态为夹紧状态，以防止书写笔掉落。）如图 2-6-4 所示。

图 2-6-3　书写平台的安装

图 2-6-4　绘图夹具安装示意图

### 三、夹具的电路及气路安装

#### 1. 夹具气路的安装

1）把手爪夹具弹簧气管与机器人四轴集成气路接口连接，如图 2-6-5 所示。

2）把机器人 1 轴集成气路接口、电磁阀之间用合适的气管连接好，并用扎带固定，如图 2-6-6 所示。

图 2-6-5　绘图夹具气
路安装示意图

图 2-6-6　机器人 1 轴集成气路接口、
电磁阀之间的气管连接

#### 2. 夹具的电路安装

按照如图 2-4-5 所示的接线图，把电磁阀的电路与集成信号接线端子盒进行正确连接，效果图如图 2-6-7 所示。

### 四、设计控制原理框图

根据控制要求，设计控制原理框图如图 2-2-14 所示。

### 五、设计两种模式 I/O 分配表

根据任务要求，可看出写字绘图工作站的 I/O 分配表与上述其他项目要求一致，在此不再详述。

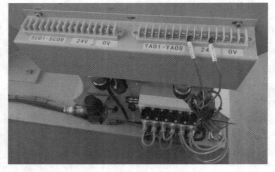

图 2-6-7　接线效果图

### 六、六轴机器人单元的 PLC 程序设计

根据对工作站控制要求分析，写字绘图工作站 I/O 分配表与上述其他任务一致，控制要求也一致。因此实训模式时控制柜面板插线可参考本模块任务五的内容。"演示模式"时 PLC 程序可直接沿用上述任意工作站 PLC 程序。

### 七、确定机器人运动所需示教点

写字绘图工作站可自由设计机器人的运动轨迹，采用绘图笔夹具根据机器人的运动轨迹

点在 A4 纸上，写字或绘制任意图案。本任务以图 2-6-8 所示图案进行绘图。

## 八、机器人程序的编写

根据机器人运动轨迹编写机器人程序时，首先根据控制要求绘制机器人程序流程图，然后编写机器人主程序和子程序。子程序主要包括机器人初始化子程序、绘图子程序。编写子程序前要先设计好机器人的运行轨迹及定义好机器人的程序点。

### 1. 机器人程序设计

根据机器人程序流程图、轨迹图设计机器人参考程序如下。

```
MODULE MainMOdule
    CONST robtarget
    p10:=[[350.32,100.15,594.00],[0.495162,-0.120186,0.857645,0.0693896][0,0,0,0],[9E+09,9E+09,9E+09,9E+09,9E+09,9E+09]];
    CONST robtarget
    p20:=[[362.29,38.70,594.00],[0.499292,-0.0460633,0.864799,0.0265947],[0,0,0,0],[9E+09,9E+09,9E+09,9E+09,9E+09,9E+09]];
    CONST robtarget
    p30:=[[394.93,42,19,549.66],[0.448179,-0.0475313,0.89236,0.0238722],[0,0,0,0],[9E+09,9E+09,9E+09,9E+09,9E+09,9E+09]];
    CONST robtarget
    p40:=[[425.22,-5.48,500.54],0.394729,0.00591901,0.918775,-0.00254296],[-1,0,0,0],[9E+09,9E+09,9E+09,9E+09,9E+09,9E+09]];
    CONST robtarget
    p50:=[[419.85,67.57,500.54],[0.393482,-0.0732271,0.915871,0.0314602],[0,-1,0,0],[9E+09,9E+09,9E+09,9E+09,9E+09,9E+09]];
    CONST robtarget
    p60:=[[402.79,64.82,532.35],[0.428134,-0.0719737,0.900194,0.0342308],[0,-1,0,0],[9E+09,9E+09,9E+09,9E+09,9E+09,9E+09]];
    CONST robtarget
    p70:=[[398.92,85.44,532.35],[0.427112,-0.0950944,0.898046,0.045227],[0,0,0,0],[9E+09,9E+09,9E+09,9E+09,9E+09,9E+09]];
    CONST robtarget
    p80:=[[384.23,137.12,532.35],[0.423207,-0.154017,0.889836,0.0732508],[0,-1,0,0],[9E+09,9E+09,9E+09,9E+09,9E+09,9E+09]];
    CONST robtarget
    p90:=[[398.48,87.49,532.35],[0.426995,-0.0973954,0.8978,0.0463214],[0,0,0,0],[9E+09,9E+09,9E+09,9E+09,9E+09,9E+09]];
    CONST robtarget
    p100:=[[428.34,94.04,471.24],[0.361245,-0.100478,0.926213,0.0391888],[0,0,0,0],[9E+09,9E+09,9E+09,9E+09,9E+09,9E+09]];
```

CONST robtarget

p110：=［［412.60,148.62,471,24］,［0.357949,-0.16025,0.917761,0.0625013］,［0,-1,
0,0］,［9E+09,9E+09,9E+09,9E+09,9E+09,9E+09］］;

CONST robtarget

p120：=［［430.97,155.24,413.82］,［0.298569,-0.163916,0.93876,0.052133］,［0,0,0,
0］,［9E+09,9E+09,9E+09,9E+09,9E+09,9E+09］］;

CONST robtarget

p130：=［［404.81,214.40,413.82］,［0,294143,-0.229791,0.924843,0.0730843］,［0,0,
0,0］,［9E+09,9E+09,9E+09,9E+09,9E+09,9E+09］］;

CONST robtarget

p140：=［［416.38,220.52,346.30］,［0.226342,-0.234484,0.943729,0.0562381］,［0,-1,
0,0］,［9E+09,9E+09,9E+09,9E+09,9E+09,9E+09］］;

CONST robtarget

p150：=［［386.55,269,41,346.30］,［0.222506,-0.291401,0.927735,0.0698889］,［0,0,
0,0］［9E+09,9E+09,9E+09,9E+09,9E+09,9E+09］］;

CONST robtarget

p160：=［［351.13,314.18,346.30］,［0.217864,-0.347063,0.90838,0.0832388］,［0,-1,
0,0］,［9E+09,9E+09,9E+09,9E+09,9E+09,9E+09］］;

CONST robtarget

p170：=［［423.41/213.61,306.26］,［0.186655,-0.227204,0.954759,0.0444183］,［0,-1,
0,0］,［9E+09,9E+09,9E+09,9E+09,9E+09,9E+09］］;

CONST robtarget

p180：=［［398.92,256.45,306.26］,［0.184091,-0.276568,0.941646,0.0540689］,［0,0,
0,0］,［9E+09,9E+09,9E+09,9E+09,9E+09,9E+09］］;

CONST robtarget

p190：=［［449.11,152.33,306.26］,［0.189309,-0.15975,0.968332,0.0312311］,［0,0,0,
0］,［9E+09,9E+09,9E+09,9E+09,9E+09,9E+09］］;

CONST robtarget

p200：=［［447.53,151.79,247.02］,［0.128472,-0.161388,0.978263,0.0211946］,［0,-1,
0,0］,［9E+09,9E+09,9E+09,9E+09,9E+09,9E+09］］;

CONST robtarget

p210：=［［411.94,231.58,247.02］,［0.125963,-0.251121,0,959158,0.0329789］,［0,0,
0,0］,［9E+09,9E+09,9E+09,9E+09,9E+09,9E+09］］;

CONST robtarget

p220：=［［453.82,131.78,247.02］,［0.128911,-0.139639,0.981604,0.0183383］,［0,0,
0,0］,［9E+09,9E+09,9E+09,9E+09,9E+09,9E+09］］;

CONST robtarget

p230：=［［435.11,185.52,247.55］,［0.12848,-0.198429,0.971303,0.0262473］,［0,-1,
0,0］,［9E+09,9E+09,9E+09,9E+09,9E+09,9E+09］］;

```
        CONST robtarget
    p240:=[[460.79,106.80,247.55],[0.130284,-0.112646,0.984944,0.0149003],[0,0,
0,0],[9E+09,9E+09,9E+09,9E+09,9E+09,9E+09]];
        CONST robtarget
    p250:=[[471.53,37.39,247.55],[0.131031,-0.0392154,0.990589,0.00518725],[0,0,
0,0],[9E+09,9E+09,9E+09,9E+09,9E+09,9E+09]];
        CONST jointtarget
    phome:=[[4.53408,45.0367,-0.106878,6.73509E-38,30.0][9E+09,9E+09,9E+09,9E+
09,9E+09,9E+09]];
    PROC main()
        MoveAbsJ phome\NoEOffs,v1000,z50,tool0;
        MoveJ p10,v1000,z50,tool0;
        MoveL p20,v1000,z50,tool0;
        MoveJ p30,v1000,z50,tool0;
        MoveL p40,v1000,z50,tool0;
        MoveJ p50,v1000,z50,tool0;
        MoveL p60,v1000,z50,tool0;
        MoveJ p70,v1000,z50,tool0;
        MoveJ p80,v1000,z50,tool0;
        MoveJ p90,v1000,z50,tool0;
        MoveJ p100,v1000,z50,tool0;
        MoveJ p110,v1000,z50,tool0;
        MoveL p120,v1000,z50,tool0;
        MoveJ p130,v1000,z50,tool0;
        MoveL p140,v1000,z50,tool0;
        MoveJ p150,v1000,z50,tool0;
        MoveJ p160,v1000,z50,tool0;
        MoveJ p170,v1000,z50,tool0;
        MoveJ p180,v1000,z50,tool0;
        MoveJ p190,v1000,z50,tool0;
        MoveJ p200,v1000,z50,tool0;
        MoveL p210,v1000,z50,tool0;
        MoveL p220,v1000,z50,tool0;
        MoveL p230,v1000,z50,tool0;
        MoveJ p240,v1000,z50,tool0;
        MoveJ p250,v1000,z50,tool0;
    ENDPROC
ENDMODULE
```

> **提示**
>
> "亚龙"图案文字示教点较多,程序较长。且程序主要运用基本移动指令对绘图点图案轨迹点进行示教。因此本文不再叙述,源程序请参考教材后的附录二。

 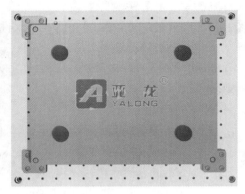

图 2-6-8　写字绘图图案点位轨迹分布图

### 2. 程序数据修改

1)机器人程序位置点的修改。手动操纵机器人到所要修改点的位置,进入"程序数据"中的"robtarget"数据,选择所要修改的点,单击"编辑"中的"修改位置"完成修改,如图 2-6-9 所示。

2)同理,依次完成其他点的示教修改。

## 检查测评

对任务实施的完成情况进行检查,并将结果填入表 2-6-2 内。

图 2-6-9　机器人程序位置点的修改

表 2-6-2　任务测评表

| 序号 | 主要内容 | 考核要求 | 评分标准 | 配分 | 扣分 | 得分 |
|---|---|---|---|---|---|---|
| 1 | 安装 | 夹具与模块固定紧固,不缺少螺钉 | 1. 夹具与模块安装位置不合适,扣 5 分<br>2. 夹具或模块松动,扣 5 分<br>3. 损坏夹具或模块,扣 10 分<br>4. 面板插线松动、未按工艺要求插线扣 5 分 | 20 | | |
| 2 | 机器人程序设计与示教操作 | I/O 配置完整,程序设计正确,机器人示教正确 | 1. 操作机器人动作不规范,扣 5 分<br>2. 机器人不能完成物料搬运,每个物料扣 2 分<br>3. 缺少 I/O 配置,每个扣 1 分<br>4. 程序缺少输出信号设计,每个扣 1 分<br>5. 工具坐标系定义错误或缺失,每个扣 5 分<br>6. 演示模式时不能通过 PLC 程序正常进行系统集成,扣 20 分<br>7. 实训模式时不能通过面板插线的按钮正常启动机器人,扣 10 分 | 70 | | |

（续）

| 序号 | 主要内容 | 考核要求 | 评分标准 | 配分 | 扣分 | 得分 |
|---|---|---|---|---|---|---|
| 3 | 安全文明生产 | 劳动保护用品穿戴整齐,遵守操作规程,讲文明礼貌,操作结束要清理现场 | 1. 操作中,违反安全文明生产考核要求的任何一项扣 5 分,扣完为止<br>2. 当发现学生有重大事故隐患时,要立即予以制止,并每次扣安全文明生产总分 5 分 | 10 | | |
| 合 计 | | | | | | |
| 开始时间: | | | 结束时间: | | | |

## 任务七　工业机器人涂胶工作站的编程与操作

### 学习目标

知识目标：1. 掌握六轴工业机器人的编程与示教。

2. 掌握工业机器人涂胶夹具的控制使用。

3. 掌握工业机器人的运动路径的设计方法。

4. 掌握工业机器人与 PLC 系统集成的设计方法。

能力目标：1. 能够完成涂胶工作站及多功能夹具的安装。

2. 能够完成 PLC 编程。

3. 能完成机器人与工作站的系统集成。

### 工作任务

图 2-7-1 所示为某工业机器人涂胶单元模型工作站，其结构示意图如图 2-7-2 所示。本任务采用示教编程方法，操作机器人实现涂胶的示教。

具体控制要求如下：

图 2-7-1　工业机器人涂胶单元模型工作站

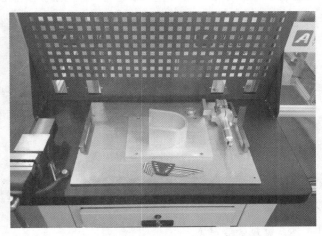

图 2-7-2　涂胶模型结构示意图

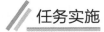

### 1. 实训模式

使用安全连线对各个信号正确连接。要求：控制面板上急停按钮 QS 拍下后机器人出现紧急停止报警；机器人在自动模式时可通过面板按钮 SB1 控制机器人电动机上电；SB2 按钮控制机器人从主程序开始运行；SB3 按钮可控制机器人停止；SB4 按钮可控制机器人开始运行；H1 指示灯显示机器人自动运行状态；H2 指示灯显示电动机上电状态。

### 2. 演示模式

采用可编程控制器对机器人状态信号进行控制。要求：机器人切换至自动模式时 HR 指示灯亮起，表示系统准备就绪，且处于停止状态；按下 SB1 系统启动按钮，HG 运行指示灯亮起，HR 指示灯灭掉；同时机器人进行上电运行，开始涂胶工作；机器人涂胶工作结束后回到工作原点位置后停止，且 HR 灯亮起表示系统停止。

## 相关知识

### 工业机器人涂胶模型工作站

#### 1. 工业机器人的系统组成

本工作站所采用的是一款额定负载 3kg，小型六自由度的 IRB 型工业机器人，它由机器人本体、控制器、示教器和连接电缆组成。

#### 2. 涂胶模型单元

涂胶工作站包含，涂胶工件、胶枪夹具组成，如图 2-7-2 所示。

## 任务实施

### 一、任务准备

实施本任务教学所使用的实训设备及工具材料可参考表 2-7-1。

表 2-7-1　实训设备及工具材料

| 序号 | 分类 | 名　称 | 型号规格 | 数量 | 单位 | 备注 |
| --- | --- | --- | --- | --- | --- | --- |
| 1 | 工具 | 内六角扳手 | 4.0mm | 1 | 个 | 钳工桌 |
| 2 | | 内六角扳手 | 5.0mm | 1 | 个 | 钳工桌 |
| 3 | 设备器材 | 内六角螺钉 | M4 | 4 | 颗 | 模块存放柜 |
| 4 | | 内六角螺钉 | M5 | 6 | 颗 | 模块存放柜 |
| 5 | | 涂胶枪夹具 | | 1 | 套 | 模块存放柜 |
| 6 | | 涂胶套件 | | 1 | 个 | 模块存放柜 |

### 二、涂胶套件与夹具的安装

#### 1. 涂胶配套件的安装

用螺钉将大涂胶工件固定在模型实训平台合适位置，要求固定牢靠稳定，如图 2-7-3 所示。

#### 2. 夹具的安装

涂胶站采用胶枪夹具配置大流量点胶阀，可精确控制胶水流量，采用合适的内六角螺钉安装至机器人六轴法兰上，如图 2-7-4 所示。

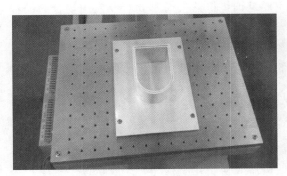

图 2-7-3 涂胶工件的安装

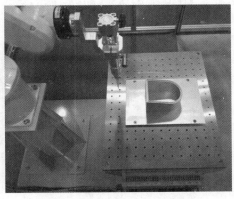

图 2-7-4 胶枪夹具的安装

### 三、设计控制原理框图

根据控制要求，设计控制原理框图如图 2-2-14 所示。

### 四、设计两种模式的 I/O 分配表

#### 1. 演示模式

PLC 控制柜的配线已经完成。PLC 输入信号 X026 ~ X037 对应机器人输出信号 DO1 ~ DO10，PLC 输出信号 Y026-Y037 对应机器人输入信号 DI1-DI10。根据工作站任务要求所示对机器人 I/O 信号：System Input、System Output 进行配置，见表 2-2-2。

#### 2. 实训模式下的机器人 I/O 分配表

所有信号均分布在面板上，根据工作站任务要求见表 2-2-3 配置。

### 五、线路安装

#### 1. 演示模式下的接线

"演示模式"下的 PLC 控制柜内配线已完成不需要另外接。

#### 2. 实训模式下的接线

根据表 2-2-3 所示完成机器人 I/O 信号和系统信号的关联配置。要求使用安全连线把机器人输入信号 DI1、DI2、DI3、DI4，接到对应面板上的 SB1、SB2、SB3、SB4 按钮。按钮公共端接 0V；机器人的输出信号 DO1、DO2 接入面板指示灯 H1、H2 中，指示灯公共端接 24V。工艺要求如下：

1）所有安全连线用扎带固定，控制面板上布线合理布局美观。

2）安全连线插线牢靠，无松动。

### 六、PLC 程序设计

根据控制要求，参照表 2-2-2 的 I/O 分配表，设计的 PLC 梯形图程序如图 2-2-15 所示。

### 七、确定机器人运动所需示教点

对工作站工作流程分析，模拟涂胶工作站主要是训练机器人对不同行业应用场合的编程及示教。在模拟涂胶过程时，应尽量放慢机器人运行速度与胶枪流量配合对工件进行涂胶工作，且在机器人点到点及工件转角处应尽量平缓连续。

根据工作站工作流程，可自由选定机器人的运动所需的示教点位置。所需的示教点位置不再详细介绍。

### 八、机器人程序编写

根据机器人运动轨迹编写机器人程序时，首先根据控制要求绘制机器人程序流程图，然后编写机器人主程序和子程序。子程序主要包括机器人初始化子程序、涂胶轨迹子程序。编写子程序前要先设计好机器人的运行轨迹及定义好机器人的程序点。

#### 1. 机器人程序设计

根据控制功能，设计的机器人程序如下：

MODULE Module1

PERS tooldata tGripper：=[TRUE,[[211,0,84.0003],[1,0,1.26E-07,0]],[0.001,[0,0,0.001],[1,0,0,0],0,0,0]];

！定义工具数据 tGripper

TASKPERS wobjdata Wobj_T：=[FALSE,TRUE,"",[[755,-250,0.474],[0.707106781,0,0,0.707106781]],[[0,0,0],[1,0,0,0]]];

！定义工件数据 Wobj_T

CONST robtarget Target_10：=[[250,296.99970683,418.526486758],[0.612372876,0.353553181,0.353553056,-0.612372309],[-1,-1,0,1],[9E9,9E9,9E9,9E9,9E9,9E9]];

！定义机器人涂胶前初始位置

CONST robtarget Target_20：=[[308.979447492,216.999855548,85.482604702],[0.612372876,0.353553181,0.353553056,-0.612372309],[0,0,-1,1],[9E9,9E9,9E9,9E9,9E9,9E9]];

！定义机器人涂胶开始位置点，轨迹编程中通常使用描点法进行编程，即将机器人移动至所需加工的轨迹处，依次记录各目标点位置，采用的目标点的数量直接影响轨迹精度，可根据实际轨迹进行合理的选取，并且还需决定何处使用直线运行、何处使用弧线运行，在此工作站中主要应用直线与圆弧组成的立体涂胶空间，采用小段直线与圆弧线拼接而成。

CONST robtarget Target_30：=[[237.088481522,216.999855548,72.806287732],[0.612372876,0.353553181,0.353553056,-0.612372309],[-1,-1,0,1],[9E9,9E9,9E9,9E9,9E9,9E9]];

CONST robtarget Target_40：=[[190.80251713,169.999855548,64.644823382],[0.612372876,0.353553181,0.353553056,-0.612372309],[-1,-1,0,1],[9E9,9E9,9E9,9E9,9E9,9E9]];

CONST robtarget Target_50：=[[237.088481522,122.999855548,72.806287732],[0.612372876,0.353553181,0.353553056,-0.612372309],[-1,-1,0,1],[9E9,9E9,9E9,

9E9,9E9,9E9]];

CONST robtarget Target_60：=［［308.979447492,122.999855548,85.482604702］,
［0.612372876,0.353553181,0.353553056,-0.612372309］,［0,0,-1,1］,［9E9,9E9,9E9,
9E9,9E9,9E9]];

CONST robtarget Target_70：=［［313.157632934,124.757214861,86.219331526］,
［0.612372876,0.353553181,0.353553056,-0.612372309］,［0,0,-1,1］,［9E9,9E9,9E9,
9E9,9E9,9E9]];

CONST robtarget Target_80：=［［314.88829401,128.999855548,86.524493768］,
［0.612372876,0.353553181,0.353553056,-0.612372309］,［0,0,-1,1］,［9E9,9E9,9E9,
9E9,9E9,9E9]];

CONST robtarget Target_90：=［［314.88829401,210.999855548,86.524493768］,
［0.612372876,0.353553181,0.353553056,-0.612372309］,［0,0,-1,1］,［9E9,9E9,9E9,
9E9,9E9,9E9]];

CONST robtarget Target_100：=［［313.157632934,215.242496235,86.219331526］,
［0.612372876,0.353553181,0.353553056,-0.612372309］,［0,0,-1,1］,［9E9,9E9,9E9,
9E9,9E9,9E9]];

CONST robtarget Target_110：=［［308.979447492,216.999855548,85.482604702］,
［0.612372876,0.353553181,0.353553056,-0.612372309］,［0,0,-1,1］,［9E9,9E9,9E9,
9E9,9E9,9E9]];

PROC main()
    MoveL Target_10,v500,z0,tGripper\WObj:=Wobj_T;
! 机器人首先运动到涂胶前初始位置
    MoveL Offs（Target_20,0,0,50）,v500,z0,tGripper\WObj:=Wobj_T;
! 机器人运动到涂胶第1个位置点上方
    MoveL Target_20,v10,fine,tGripper\WObj:=Wobj_T;
! 机器人直线运动到涂胶第1个位置点
    Set do_Start;
! 置位涂胶工具信号
    MoveL Target_30,v10,z0,tGripper\WObj:=Wobj_T;
! 机器人直线运动到涂胶第2个位置点
    MoveC Target_40,Target_50,v10,z0,tGripper\WObj:=Wobj_T;
! 机器人圆弧运动到涂胶第3个位置点,下同
    MoveL Target_60,v10,z0,tGripper\WObj:=Wobj_T;
    MoveC Target_70,Target_80,v10,z0,tGripper\WObj:=Wobj_T;
    MoveL Target_90,v10,z0,tGripper\WObj:=Wobj_T;
    MoveC Target_100,Target_110,v10,fine,tGripper\WObj:=Wobj_T;
    Reset do_Start;
! 复位涂胶工具信号
    MoveL Offs(Target_100,0,0,50),v500,z10,tGripper\WObj:=Wobj_T;

MoveL Target_10,v500,z15,tGripper\WObj: = Wobj_T;

! 机器人回到涂胶前初始位置

**2. 程序数据修改**

1）机器人程序位置点的修改。手动操纵机器人到所要修改点的位置，进入"程序数据"中的"robtarget"数据，选择所要修改的点，单击"编辑"中的"修改位置"完成修改，如图 2-7-5 所示。

2）同理，依次完成其他点的修改。

图 2-7-5　机器人位置点的修改

 检查测评

对任务实施的完成情况进行检查，并将结果填入表 2-7-2 内。

表 2-7-2　任务测评表

| 序号 | 主要内容 | 考核要求 | 评分标准 | 配分 | 扣分 | 得分 |
|---|---|---|---|---|---|---|
| 1 | 机械安装 | 夹具与模块固定紧固，不缺少螺钉 | 1. 夹具与模块安装位置不合适，扣 5 分<br>2. 夹具或模块松动，扣 5 分<br>3. 损坏夹具或模块，扣 10 分 | 10 | | |
| 2 | 机器人程序设计与示教操作 | I/O 配置完整，程序设计正确，机器人示教正确 | 1. 操作机器人动作不规范，扣 5 分<br>2. 机器人不能完成涂装，每个轨迹扣 10 分<br>3. 缺少 I/O 配置，每个扣 1 分<br>4. 程序缺少输出信号设计，每个扣 1 分<br>5. 工具坐标系定义错误或缺失，每个扣 5 分 | 70 | | |
| 3 | PLC 程序设计 | PLC 程序正确；I/O 配置完整；PLC 程序完整 | 1. PLC 程序出错，扣 3 分<br>2. PLC 配置不完整，每个扣 1 分<br>3. PLC 程序缺失，视情况严重性扣 3～10 分 | 10 | | |
| 4 | 安全文明生产 | 劳动保护用品穿戴整齐，遵守操作规程，讲文明礼貌，操作结束要清理现场 | 1. 操作中，违反安全文明生产考核要求的任何一项扣 5 分，扣完为止<br>2. 当发现学生有重大事故隐患时，要立即予以制止，并每次扣安全文明生产总分 5 分<br>3. 穿戴不整洁，扣 2 分；设备不还原，扣 5 分；现场不清理，扣 5 分 | 10 | | |
| 合　计 | | | | | | |
| 开始时间： | | | 结束时间： | | | |

---

**任务八　　工业机器人大小料装配工作站的编程与操作**

 学习目标

知识目标：1. 掌握六轴工业机器人偏移指令的编程与示教。

2. 掌握工业机器人多功能夹具的控制使用。

3. 掌握工业机器人对立体库的码垛入库控制使用。

4. 掌握工业机器人的运动路径的设计方法。

5. 掌握工业机器人与 PLC 系统集成的设计方法。

能力目标：1. 能够完成大小料装配工作站及多功能夹具的安装。

2. 能够完成 PLC 编程。

3. 能完成机器人与工作站的系统集成。

## 工作任务

图 2-8-1 所示为某工业机器人大小料装配单元模型工作站，其结构示意图如图 2-8-2 所示。本任务采用示教编程方法，操作机器人实现大小料装配及装配后入库的示教。

演示模式时，采用可编程序控制器对机器人状态信号进行控制。具体控制要求如下：

1）机器人切换至自动模式时，HR 指示灯亮起，表示系统准备就绪，且处于停止状态。

2）按下 SB1 系统启动按钮，HG 运行指示灯亮起，HR 指示灯灭掉；同时机器人进行电动机上电开始运行，机器人等待工作站工作；待大/小料供料机构供料以后，出料口检测到物料，机器人抓取大料放至装配台，再切换吸盘手爪吸取小物料，与大料进行装配，装配后整齐码放至立体库。

3）机器人码垛工作结束后回到工作原点位置后停止，且 HR 灯亮起表示系统停止。

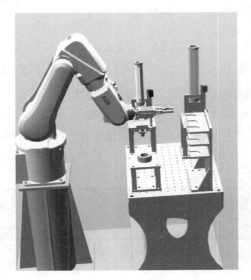

图 2-8-1 工业机器人大小料装配
单元模型工作站

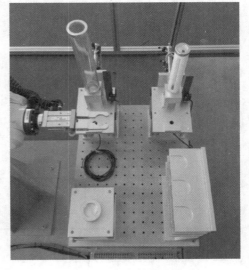

图 2-8-2 大小料装配模型
结构示意图

## 相关知识

### 一、工业机器人大小料装配工作站

工业机器人大小料装配工作站所采用的是一款额定负载 3kg，小型六自由度的 IRB 型工业机器人，它由机器人本体、控制器、示教器和连接电缆组成。

装配工作站包含两套供料机构、料台检测部件，一个装配台（尺寸 135mm×120mm× 140mm），一个三层三列的立体库。

两个立体落料式供料机构，可对物料 A、物料 B 进行原料供给；装配安装平台可盛放物料，用于安装时使用，待 A、B 物料装配完成后对其进行仓储入库，其功能是学习机器人精确定位及使用抓手吸盘夹具。

### 二、中断程序

在程序执行过程中，如果发生需要紧急处理的情况，要中断当前程序的执行，马上跳到专门的程序中对紧急情况进行相应处理，处理结束后返回中断地方继续往下执行程序。专门用来处理紧急情况的程序称作中断程序（TRAP）。例如：

```
VAR intnum intno1;
! 定义中断数据 intno1
IDelete intno1;
! 取消当前中断符 intno1 的连接，预防误触发
CONNECT    intno1 WITH tTrap;
! 将中断符与中断程序 tTrap 连接
ISignalDI di1,1, intno1;
! 定义触发条件，即当数字输入信号 di1 为 1 时,触发该中断程序
TRAP    tTrap
Reg1: = reg1+1;
ENDTRAP
```

不需要在程序中对该中断程序进行调用，定义触发条件的语句一般放在初始化程序中，当程序启动运行完该定义触发条件的指令一次后，则进入中断监控。当数字输入信号 di1 为 1 时，则机器人立即执行 tTrap 中的程序，运行完成之后，指针返回触发该中断的程序位置继续往下执行。

> **提示**
>
> 若在 ISignalDI 后面加上可选参变量"Single"，则该中断只会在 di1 信号第一次置 1 时触发相应的中断程序，后续则不再继续触发。

### 三、复杂程序数据赋值

多数类型的程序数据均是组合型数据，即里面包含了多项数值或字符串，可以对其中的任何一项参数进行赋值。

常见的目标点数据：

```
PERS    robtarget
p10: =[[0,0,0],[1,0,0,0],[0,0,0,0],[9E9, 9E9, 9E9, 9E9, 9E9, 9E9]];
PERS    robtarget
p20: =[[100,0,0],[ 0,0, 1,0],[1,0,1,0],[9E9, 9E9, 9E9, 9E9, 9E9, 9E9]];
```

目标点数据里面包含了四组数据，从前往后依次为 TCP 位置数据 ［100，0，0］（trans）、TCP 状态数据 ［0，0，1，0］（rot）、轴配置数据 ［1，0，1，0］（robconf）和外部轴数据（extax），可以分别对该数据的各项数值进行操作，如：

p10. trans. x：= p20. trans. x+50；

p10. trans. y：= p20. trans. y-50；

p10. trans. z：= p20. trans. z+100；

p10. rot：= p20. rot；

p10. robconf：= p20. robconf；

赋值后 p10 为

PERS　robtarget

p10：=［［150,-50,100］，［0,0,1,0］，［1,0,1,0］，［9E9，9E9，9E9，9E9，9E9，9E9］］；

**提示**

关于程序数据结构可参考相关设备随机光盘手册中关于程序数据介绍的内容，然后根据其中的内容对该数据中的某一项数值单独进行处理。

### 四、WaitDI 指令

指令作用：等待数字输入信号达到指定状态，并可设置最大等待时间以及超时标识。

应用举例：WaitDI di1，1 \ MaxTime：= 5 \ TimeFlag：= bool1；

执行结果：等待数字输入信号 di1 变为 1，最大等待时间为 5s，若超时则 bool1 被赋值为 TRUE，程序继续执行下一条指令；若不设最大等待时间，则指令一直等待直至信号变为指定数值。

### 五、WaitUntil 指令

指令作用：等待条件成立，并可设置最大等待时间以及超时标识。

应用举例：WaitUntil reg1 = 5 \ MaxTime：= 6 \ TimeFlag：= bool1；

执行结果：等待数值型数据 reg1 变为 5，最大等待时间为 6s，若超时则 bool1 被赋值为 TRUE，程序继续执行下一条指令；若不设最大等待时间，则指令一直等待直至条件成立。

### 六、Waittime 指令

指令作用：等待固定的时间。

应用举例：Waittime 0. 3；

执行结果：机器人程序执行到该指令时，指针会在此处等待 0.3s。

 **任务实施**

### 一、任务准备

实施本任务教学所使用的实训设备及工具材料可参考表 2-8-1。

表 2-8-1　实训设备及工具材料

| 序号 | 分类 | 名称 | 型号规格 | 数量 | 单位 | 备注 |
|---|---|---|---|---|---|---|
| 1 | 工具 | 内六角扳手 | 4.0mm | 1 | 个 | 钳工桌 |
| 2 | | 内六角扳手 | 5.0mm | 1 | 个 | 钳工桌 |
| 3 | 设备器材 | 内六角螺钉 | M4 | 4 | 颗 | 模块存放柜 |
| 4 | | 内六角螺钉 | M5 | 18 | 颗 | 模块存放柜 |
| 5 | | 多功能夹具 | 气动手爪夹具+吸盘夹具 | 1 | 套 | 模块存放柜 |
| 6 | | 大小料装配套件 | | 1 | 个 | 模块存放柜 |

## 二、大小料装配套件与夹具的安装

### 1. 大小料装配套件的安装

用螺钉将大小料装配套件固定在模型实训平台合适位置，要求固定牢靠稳定，如图 2-8-3 所示。

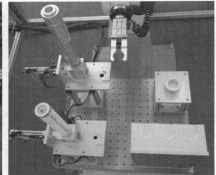

图 2-8-3　大小料装配套件的安装

### 2. 夹具的安装

大小物料装配站采用多功能夹具，包含气动手爪、真空吸盘夹具，采用合适的内六角螺钉安装至机器人六轴法兰上，如图 2-8-4 所示。

图 2-8-4　多功能夹具的安装

## 三、设计控制原理框图

根据控制要求，设计控制原理框图如图 2-8-5 所示。

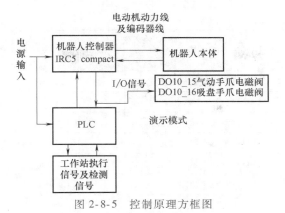

图 2-8-5　控制原理方框图

# 四、设计 I/O 分配表

根据任务要求，可设计出演示模式时的系统 I/O 分配表，见表 2-8-2。

表 2-8-2　演示模式下 PLC 的 I/O 分配表

| 序号 | PLC 地址 | 作用 | 注释 | 信号连接设备 |
|---|---|---|---|---|
| PLC 输入信号 | | | | |
| 1 | X000 | | | |
| 2 | X001 | 启动按钮 | | PLC 控制柜面板 |
| 3 | X002 | 复位按钮 | | |
| 4 | X003 | 暂停按钮 | | |
| 5 | X004 | 急停按钮 | 1 = 正常<br>0 = 急停动作 | |
| 6 | X005 | 门磁开关 | 1 = 门关闭<br>0 = 门打开 | 安全防护系统<br>(有机玻璃房) |
| 7 | X006 | 光幕常闭信号 | 1 = 正常<br>0 = 触发光幕 | |
| 8 | X007 | SC1 顶料气缸后限位(大料) | 大料 A 落料机<br>构传感器 | |
| 9 | X010 | SC2 推料气缸后限位(大料) | | |
| 10 | X011 | SC3 落料检测(大料) | | |
| 11 | X012 | SC4 出料位检测(大料) | | |
| 12 | X013 | SC5 顶料气缸后限位(小料) | 小料 B 落料机<br>构传感器 | 集成接线端子盒<br>(位于机器人工作台侧面) |
| 13 | X014 | SC6 推料气缸后限位(小料) | | |
| 14 | X015 | SC7 落料检测(小料) | | |
| 15 | X016 | SC8 出料位检测(小料) | | |
| 16 | X017 | 系统预留 | | |
| 17 | X020 | 系统预留 | | |
| 18 | X021 | 系统预留 | | |
| 19 | X022 | 系统预留 | | |
| 20 | X023 | 系统预留 | | |
| 21 | X024 | 系统预留 | | |
| 22 | X025 | 系统预留 | | |

（续）

| PLC 输入信号 | | | | |
|---|---|---|---|---|
| 序号 | PLC 地址 | 作用 | 注释 | 信号连接设备 |
| 23 | X026 | （DO1）机器人电动机已上电 | | 机器人 I/O 板（DSQC652） |
| 24 | X027 | （DO2）机器人在原点位置 | | |
| 25 | X030 | （DO3）机器人自动运行状态 | | |
| 26 | X031 | （DO4）机器人搬运完成 | | |
| 27 | X032 | （DO5）机器人紧急停止 | | |
| 28 | X033 | （DO6）未使用 | | |
| 29 | X034 | （DO7）未使用 | | |
| 30 | X035 | （DO8）未使用 | | |
| 31 | X036 | （DO9）未使用 | | |
| 32 | X037 | （DO10）未使用 | | |

| PLC 输出信号 | | | | |
|---|---|---|---|---|
| 序号 | PLC 地址 | 作用 | 注释 | 信号连接设备 |
| 1 | Y000 | | | |
| 2 | Y001 | | | |
| 3 | Y002 | | | |
| 4 | Y003 | | | |
| 5 | Y004 | HG 运行指示灯 | | PLC 控制柜面板 |
| 6 | Y005 | HR 停止指示灯 | | |
| 7 | Y006 | 机器人外部紧急停止 | 连接至 KA33 继电器 | 机器人控制器外部急停信号 |
| 8 | Y007 | AGV_HA1 | | 安全防护系统（有机玻璃房） |
| 9 | Y010 | AGV_HA2 | | |
| 10 | Y011 | AGV_HA3 | | |
| 11 | Y012 | HL1 运行警示灯 | | |
| 12 | Y013 | HL2 停止警示灯 | | |
| 13 | Y014 | HL3 报警警示灯 | | |
| 14 | Y015 | YA01 顶料气缸电磁阀（大料） | 大料 A 落料机构气缸电磁阀 | 集成接线端子盒（位于机器人工作台侧面） |
| 15 | Y016 | YA02 推料气缸电磁阀（大料） | | |
| 16 | Y017 | YA03 顶料气缸电磁阀（小料） | 小料 B 落料机构气缸电磁阀 | |
| 17 | Y020 | YA04 推料气缸电磁阀（小料） | | |
| 18 | Y021 | YA05（未使用） | | |
| 19 | Y022 | YA06（未使用） | | |
| 20 | Y023 | | | |
| 21 | Y024 | | | |
| 22 | Y025 | | | |
| 23 | Y026 | （DI1）机器人电动机上电 | | 机器人 I/O 板（DSQC652） |
| 24 | Y027 | （DI2）机器人程序启动 | | |
| 25 | Y030 | （DI3）机器人主程序启动 | | |
| 26 | Y031 | （DI4）机器人急停复位 | | |
| 27 | Y032 | （DI5）机器人停止 | | |
| 28 | Y033 | （DI6）大料出料信号 | | |

（续）

| PLC 输出信号 | | | | |
|---|---|---|---|---|
| 序号 | PLC 地址 | 作用 | 注释 | 信号连接设备 |
| 29 | Y034 | （DI7）小料出料信号 | | 机器人 I/O 板<br>（DSQC652） |
| 30 | Y035 | （DI8）未使用 | | |
| 31 | Y036 | （DI9）未使用 | | |
| 32 | Y037 | （DI10）未使用 | | |

### 五、电气线路和气路的安装

#### 1. 电气线路的安装

1）根据表 2-8-2 的 I/O 分配表和如图 2-8-6 所示的工作站接线示意图，进行大小料装配工作站的线路安装。

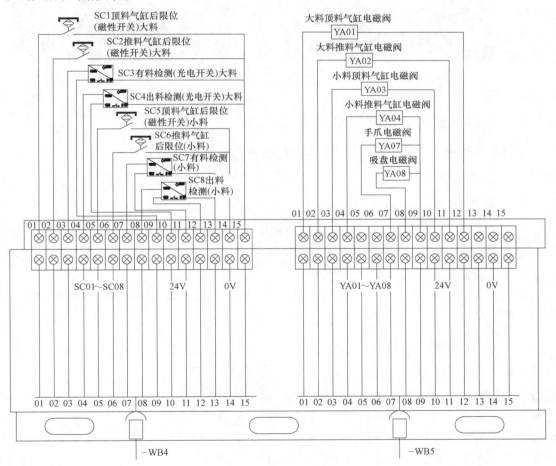

图 2-8-6　工作站接线示意图

2）根据如图 2-8-6 所示的工作站接线示意图，把大小料工作站的检测信号及执行信号分别接入机器人操作对象承载平台侧面接线端子盒对应的端子上，要求接线合理、布局美观且每根线头均压有插针。（对象承载平台侧面结构如图 2-8-7 所示，包含 1 个用于快速更换工作套件检测/执行信号的接线端子盒、1 个气源装置、6 只电磁阀组件。)

### 2. 气路的安装

根据接线端子盒接线图所示，把装配套件上对应的执行气缸采用 φ4 气管接入对应的电磁阀，用扎带固定，如图 2-8-8 所示。要求气管布局合理、美观。

图 2-8-7　操作对象承载台侧面机构示意图

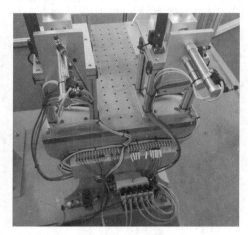

图 2-8-8　工作站气路连接效果图

## 六、六轴机器人单元的 PLC 程序设计

根据任务要求，参照表 2-8-2 的 I/O 分配表，设计的 PLC 梯形图部分程序如图 2-2-15 所示。

## 七、确定机器人运动所需示教点

对工作站工作流程分析，大/小料供料机构出料口检测信号置 1 时，机器人先运动到大料位置抓料至装配台，再切换手爪对小料进行抓取至装配台，与大料进行装配。装配完成后机器人抓取装配完成的工件放入立体库内。

根据工作站工作流程，可自由选定机器人的运动所需的示教点位置。所需的示教点位置不再详细介绍。

## 八、机器人程序的编写

根据机器人运动轨迹编写机器人程序时，首先根据控制要求绘制机器人程序流程图，然后编写机器人主程序和子程序。子程序主要包括机器人初始化子程序、大料抓取子程序、小料抓取子程序、装配入库子程序。编写子程序前要先设计好机器人的运行轨迹及定义好机器人的程序点。

### 1. 设计机器人程序流程图

根据控制功能，设计机器人程序流程图，如图 2-8-9 所示。

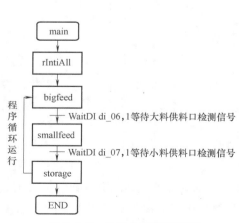

图 2-8-9　机器人程序流程图

**2. 系统输入输出设定**

参照任务 2 所述的方法，根据表 2-8-2 所示
进行系统输入/输出的设定。

**3. 机器人程序设计**

设计出的机器人参考程序如下：

```
MODULE MainModule
    CONST jointtarget！定义机器人工作原点位置jpos10：＝[[0,0,45,0,-45,0],[9E+09,
9E+09,9E+09,9E+09,9E+09,9E+09]];
    CONST robtarget p10：＝[[335.04,0.00,395.94],[0.70709,-4.54843E-06,0.707124,
-8.64299E-07],[0,-1,-1,1],[9E+09,9E+09,9E+09,9E+09,9E+09,9E+09]];
    CONST robtarget p20：＝[[306.60,181.81,165.83],[0.707239,0.00601622,0.706922,
0.00608273],[0,0,-1,1],[9E+09,9E+09,9E+09,9E+09,9E+09,9E+09]];
    CONST robtarget p30：＝[[406.82,97.23,343.95],[0.707165,2.44348E-05,0.707048,
5.64539E-05],[0,0,-1,1],[9E+09,9E+09,9E+09,9E+09,9E+09,9E+09]];
    CONST robtarget p40：＝[[531.75,197.65,327.32],[0.707211,3.10432E-05,0.707003,
6.6842E-05],[0,0,-1,1],[9E+09,9E+09,9E+09,9E+09,9E+09,9E+09]];
    CONST robtarget p50：＝[[488.55,49.12,283.39],[0.707145,1.10202E-06,0.707069,
3.7738E-06],[0,0,-1,1],[9E+09,9E+09,9E+09,9E+09,9E+09,9E+09]];
    CONST robtarget p60：＝[[488.55,49.12,283.39],[0.542409,0.453706,0.542352,
-0.453649],[0,1,-1,1],[9E+09,9E+09,9E+09,9E+09,9E+09,9E+09]];
    TASK PERS tooldata GripprTool：＝[TRUE,[[0,0,145],[1,0,0,0]],[1,[0,0,100],[1,
0,0,0],0,0,0]];
    TASKPERS tooldata VacuumCupTool：＝[TRUE,[[85,0,65],[1,0,0,0]],[1,[0,0,100],
[1,0,0,0],0,0,0]];
    CONST robtarget p70：＝[[434.29,-81.06,246.81],[0.542422,0.453765,0.54235,-0.453578],
[0,1,-1,1],[9E+09,9E+09,9E+09,9E+09,9E+09,9E+09]];
    CONST robtarget p80：＝[[433.94,-83.14,220.97],[0.542332,0.45385,0.542352,
-0.453598],[0,1,-1,1],[9E+09,9E+09,9E+09,9E+09,9E+09,9E+09]];
    CONST robtarget p90：＝[[452.46,180.73,165.70],[0.707238,-2.13903E-05,0.706976,
0.000202743],[0,0,-1,1],[9E+09,9E+09,9E+09,9E+09,9E+09,9E+09]];
    CONST robtarget p100：＝[[670.63,1.07,310.95],[0.707097,-9.40235E-07,0.707117,
-3.83501E-06],[0,0,-1,1],[9E+09,9E+09,9E+09,9E+09,9E+09,9E+09]];
    CONST robtarget p110：＝[[680.89,-27.87,255.08],[0.704313,0.0619181,0.704475,
-0.0618458],[-1,0,-1,1],[9E+09,9E+09,9E+09,9E+09,9E+09,9E+09]];
    CONST robtarget p120：＝[[677.03,-83.85,217.34],[0.704467,0.0618805,0.70432,
-0.0618944],[-1,0,-1,1],[9E+09,9E+09,9E+09,9E+09,9E+09,9E+09]];
    CONST robtarget p130：＝[[458.79,-5.10,310.95],[0.707097,-3.42504E-07,0.707117,
-4.34715E-06],[-1,-1,0,1],[9E+09,9E+09,9E+09,9E+09,9E+09,9E+09]];
```

CONST robtarget p140：=［［453.88,179.36,180.98］,［0.707209,9.20702E-05,0.707004, 1.66725E-05］,［0,0,-1,1］,［9E+09,9E+09,9E+09,9E+09,9E+09,9E+09］］;

CONST jointtarget!定义机器人原点位置jpos20：=［［0,0,0,0,0,0］,［9E+09,9E+09, 9E+09,9E+09,9E+09,9E+09］］;

PROC main( )

    rInall;！调用初始化子程序

      WHILE reg1 < 9 DO！循环

        WaitDI di_06,1;！等待大料供料机构出料口信号

        bigfeed;！调用抓取大料子程序

        WaitDI di_7,1;！等待小料供料机构出料口信号

        smallfeed;！调用抓取小料子程序

        storage;！调用装配入库子程序

      ENDWHILE

      MoveAbsJ jpos20\NoEOffs,v1000,z50,tool0;！机器人返回原点位置。

      Stop;！机器人停止

ENDPROC

PROC rInall( )！初始化子程序

    VelSet 50,2000;！限速指令

    MoveAbsJ jpos20\NoEOffs,v1000,z50,tool0;

    MoveAbsJ jpos10\NoEOffs,v1000,z50,tool0;！机器人回到工作原点

    reg1：= 0;

    SetDO do_15,0;

    SetDO do_16,0;

    reg2：= 0;

    reg3：= _63;

    reg4：= _60;

    reg5：= 0;

ENDPROC

PROC bigfeed( )！抓取大料子程序

    MoveAbsJ jpos10\NoEOffs,v1000,z50,tool0;！机器人回到工作原点

    MoveJ p50,v1000,z10,GripprTool;

    MoveL p60,v1000,z10,GripprTool;

    MoveL Offs( p80,0,0,40),v200,z0,GripprTool;

    MoveL p80,v200,fine,GripprTool;

    Set do_16;

    WaitTime 1;

    MoveL Offs( p80,0,0,60),v200,z0,GripprTool;

MoveL p50,v200,z10,GripprTool;

  MoveL Offs(p90,0,0,100),v200,z0,GripprTool;

  MoveL p90,v200,fine,GripprTool;

  Reset do_16;

  WaitTime 1;

  MoveL Offs(p90,0,0,100),v200,z0,GripprTool;

  MoveAbsJ jpos10\NoEOffs,v1000,z50,tool0;

ENDPROC

PROC smallfeed()!抓取小料子程序

  MoveAbsJ jpos10\NoEOffs,v1000,z50,tool0;

  MoveL p100,v1000,z0,VacuumCupTool;

  MoveL p110,v1000,z0,VacuumCupTool;

  MoveL Offs(p120,0,0,50),v100,z0,VacuumCupTool;

  MoveL p120,v100,fine,VacuumCupTool;

  Set do_15;

  WaitTime 1;

  MoveL Offs(p120,0,0,50),v100,z0,VacuumCupTool;

  MoveL p110,v100,z0,VacuumCupTool;

  MoveL p100,v200,z0,VacuumCupTool;

  MoveL p130,v200,z0,VacuumCupTool;

  MoveL Offs(p140,0,0,80),v200,fine,VacuumCupTool;

  MoveL p140,v200,fine,VacuumCupTool;

  Reset do_15;

  WaitTime 1;

  MoveL Offs(p140,0,0,80),v200,fine,VacuumCupTool;

ENDPROC

PROC storage()!装配入库子程序

  MoveL offs(p20,0,0,50),v200,fine,tool0;

  MoveL p20,v200,fine,tool0;

  Set do_16;

  WaitTime 1;

  MoveL offs(p20,0,0,100),v200,fine,tool0;

  MoveJ p30,v500,fine,tool0;

  MoveL Offs(p40,-50,reg2*reg3,reg5*reg4+8),v200,fine,tool0;

  MoveL offs(p40,0,reg2*reg3,reg5*reg4+8),v200,fine,tool0;

  MoveL offs(p40,0,reg2*reg3,reg5*reg4),v100,fine,tool0;

  Reset do_16;

  WaitTime 1;

```
MoveL Offs(p40,0,reg2 * reg3,reg5 * reg4 + 8),v200,fine,tool0;
MoveL Offs(p40,-50,reg2 * reg3,reg5 * reg4 + 8),v200,fine,tool0;
PulseDO\PLength: = 1,do_04;
MoveAbsJ jpos10\NoEOffs,v1000,z50,tool0;
reg1: = reg1+1;
reg2: = reg2+1;
TEST reg1
CASE 3:
reg2: = 0;
reg5: = reg5+1;
CASE 6:
reg2: = 0;
reg5: = reg5+1;
DEFAULT:
ENDTEST
        ENDPROC
    ENDMODULE
```

### 4. 程序数据修改

1）机器人程序位置点的修改。手动操纵机器人到所要修改点的位置，进入"程序数据"中的"robtarget"数据，选择所要修改的点，单击"编辑"中的"修改位置"完成修改，如图 2-8-10 所示。

2）同理，依次完成其他点的示教修改。

图 2-8-10　机器人程序位置点的修改

 **检查测评**

对任务实施的完成情况进行检查，并将结果填入表 2-8-3 内。

表 2-8-3　任务测评表

| 序号 | 主要内容 | 考核要求 | 评分标准 | 配分 | 扣分 | 得分 |
|---|---|---|---|---|---|---|
| 1 | 机械安装 | 夹具与模块固定紧固，不缺少螺钉 | 1. 夹具与模块安装位置不合适，扣 5 分<br>2. 夹具或模块松动，扣 5 分<br>3. 损坏夹具或模块，扣 10 分 | 10 | | |
| 2 | 机器人程序设计与示教操作 | I/O 配置完整，程序设计正确，机器人示教正确 | 1. 操作机器人动作不规范，扣 5 分<br>2. 机器人不能完成涂装，每个轨迹扣 10 分<br>3. 缺少 I/O 配置，每个扣 1 分<br>4. 程序缺少输出信号设计，每个扣 1 分<br>5. 工具坐标系定义错误或缺失，每个扣 5 分 | 70 | | |

（续）

| 序号 | 主要内容 | 考核要求 | 评 分 标 准 | 配分 | 扣分 | 得分 |
|---|---|---|---|---|---|---|
| 3 | PLC 程序设计 | PLC 程序正确;I/O 配置完整;PLC 程序完整 | 1. PLC 程序出错,扣 3 分<br>2. PLC 配置不完整,每个扣 1 分<br>3. PLC 程序缺失,视情况严重性扣 3 ~ 10 分 | 10 | | |
| 4 | 安全文明生产 | 劳动保护用品穿戴整齐,遵守操作规程,讲文明礼貌,操作结束要清理现场 | 1. 操作中,违反安全文明生产考核要求的任何一项扣 5 分,扣完为止<br>2. 当发现学生有重大事故隐患时,要立即予以制止,并每次扣安全文明生产总分 5 分<br>3. 穿戴不整洁,扣 2 分;设备不还原,扣 5 分;现场不清理,扣 5 分 | 10 | | |
| | | 合　计 | | | | |
| 开始时间: | | | 结束时间: | | | |

## 任务九　工业机器人上下料工作站的编程与操作

### 学习目标

知识目标：1. 掌握六轴工业机器人的编程与示教。
　　　　　2. 掌握工业机器人双夹具的控制使用。
　　　　　3. 掌握工业机器人的运动路径的设计方法。
　　　　　4. 掌握工业机器人与 PLC 系统集成的设计方法。
能力目标：1. 能够完成上下料工作站及双夹具的安装。
　　　　　2. 能够完成 PLC 编程。
　　　　　3. 能完成机器人与工作站的系统集成。

### 工作任务

图 2-9-1 所示为某工业机器人上下料单元模型工作站。本任务采用示教编程方法,操作机器人实现上下料的示教。

具体控制要求如下：

通过 PLC 程序控制落料机构进行工件毛坯供料。待检测平台下方光电开关检测到有供料工件推出时,机器人手爪移至检料平台,对待加工工件进行抓取,并放入模拟机床气动三爪卡盘中（即上料）待加工;加工完成后,从三爪卡盘中取

图 2-9-1　工业机器人上下料
单元模型工作站

出（即下料），放至立体库，进行零件入库工作。

## 相关知识

### 工业机器人上下料模型工作站

工业机器人上下料模型工作站引入机器人典型的机床上下料工作任务，可对机器人系统、PLC 控制系统、传感器、气缸等的集成控制进行学习，同时该套件采用双爪夹具在上料的同时进行下料工作，提高工作效率，保证加工的工作节拍。机器人方面可训练机器人的姿态调整；有干涉区的轨迹示教注意事项；工具坐标的建立；机器人编程中的变量、可变量、条件判断、偏移等指令的学习。

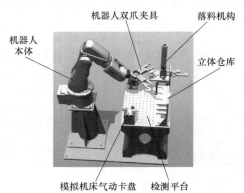

图 2-9-2　机床上下料模拟工作站的组成

#### 1. 机床上下料模型工作站的组成

机床上下料工作站包含工业机器人控制系统和机床上下料工装套件两部分，其中机床上下料工装套件采用铝合金及铝型材构建，由落料机构、检测平台、立体仓库、模拟机床气动三爪卡盘、机器人双爪夹具等组成，如图 2-9-2 所示。

#### 2. 工业机器人的系统组成

本工作站所采用的是一款额定负载 3kg，小型六自由度的 IRB 型工业机器人，它由机器人本体、控制器、示教器和连接电缆组成。

## 任务实施

### 一、任务准备

实施本任务教学所使用的实训设备及工具材料可参考表 2-9-1。

表 2-9-1　实训设备及工具材料

| 序号 | 分类 | 名　　称 | 型 号 规 格 | 数量 | 单位 | 备注 |
|---|---|---|---|---|---|---|
| 1 | 工具 | 内六角扳手 | 4.0mm | 1 | 个 | 钳工桌 |
| 2 | | 内六角扳手 | 5.0mm | 1 | 个 | 钳工桌 |
| 3 | 设备器材 | 内六角螺钉 | M4 | 4 | 颗 | 模块存放柜 |
| 4 | | 内六角螺钉 | M5 | 12 | 颗 | 模块存放柜 |
| 5 | | 双气爪夹具 | | 1 | 套 | 模块存放柜 |
| 6 | | 上下料套件 | | 1 | 个 | 模块存放柜 |

### 二、上下料套件与夹具的安装

#### 1. 上下料套件的安装

用螺钉将上下料工件固定在模型实训平台合适位置，要求固定牢靠稳定，如图 2-9-3

所示。

### 2. 夹具的安装

上下料站采用双气动手爪夹具，采用合适的内六角螺钉安装至机器人六轴法兰上，如图2-9-4所示。

图 2-9-3　上下料工件的安装

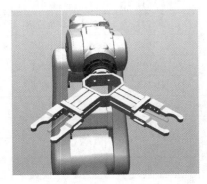

图 2-9-4　双手爪夹具的安装

## 三、设计控制原理方框图

根据控制要求，设计控制原理方框图如图 2-7-5 所示。

## 四、设计 I/O 分配表

**演示模式**　PLC 控制柜的配线已经完成。PLC 输入信号 X026~X037 对应机器人输出信号 DO1~DO10，PLC 输出信号 Y026~Y037 对应机器人输入信号 DI1-DI10。根据工作站任务要求所示对机器人 I/O 信号：System Input、System Output 进行配置见表 2-9-2。

表 2-9-2　演示模式下 PLC 的 I/O 分配表

| PLC 输入信号 | | | | |
|---|---|---|---|---|
| 序号 | PLC 地址 | 作用 | 注释 | 信号连接设备 |
| 1 | X000 | | | |
| 2 | X001 | 启动按钮 | | PLC 控制柜面板 |
| 3 | X002 | 复位按钮 | | |
| 4 | X003 | 暂停按钮 | | |
| 5 | X004 | 急停按钮 | 1 = 正常<br>0 = 急停动作 | |
| 6 | X005 | 门磁开关 | 1 = 门关闭<br>0 = 门打开 | 安全防护系统<br>（有机玻璃房） |
| 7 | X006 | 光幕常闭信号 | 1 = 正常<br>0 = 触发光幕 | |

（续）

| PLC 输入信号 | | | | |
|---|---|---|---|---|
| 序号 | PLC 地址 | 作用 | 注释 | 信号连接设备 |
| 8 | X007 | SC1 顶料气缸后限位 | 落料机构<br>传感器信号 | 集成接线端子盒<br>（位于机器人工作台侧面） |
| 9 | X010 | SC2 推料气缸后限位 | | |
| 10 | X011 | SC3 落料检测 | | |
| 11 | X012 | SC4 出料位检测 | | |
| 12 | X013 | SC5 未使用 | | |
| 13 | X014 | SC6 未使用 | | |
| 14 | X015 | SC7 未使用 | | |
| 15 | X016 | SC8 未使用 | | |
| 16 | X017 | 系统预留 | | |
| 17 | X020 | 系统预留 | | |
| 18 | X021 | 系统预留 | | |
| 19 | X022 | 系统预留 | | |
| 20 | X023 | 系统预留 | | |
| 21 | X024 | 系统预留 | | |
| 22 | X025 | 系统预留 | | |
| 23 | X026 | （DO1）机器人电动机已上电 | | 机器人 I/O 板<br>（DSQC652） |
| 24 | X027 | （DO2）右侧卡盘上/下料工作完成 | | |
| 25 | X030 | （DO3）机器人自动运行状态 | | |
| 26 | X031 | （DO4）机器人工作完成 | | |
| 27 | X032 | （DO5）机器人紧急停止 | | |
| 28 | X033 | （DO6）左侧卡盘上/下料工作完成 | | |
| 29 | X034 | （DO7）未使用 | | |
| 30 | X035 | （DO8）未使用 | | |
| 31 | X036 | （DO9）未使用 | | |
| 32 | X037 | （DO10）未使用 | | |
| PLC 输出信号 | | | | |
| 序号 | PLC 地址 | 作用 | 注释 | 信号连接设备 |
| 1 | Y000 | | | |
| 2 | Y001 | | | |
| 3 | Y002 | | | |
| 4 | Y003 | | | |
| 5 | Y004 | HG 运行指示灯 | | PLC 控制柜面板 |
| 6 | Y005 | HR 停止指示灯 | | |
| 7 | Y006 | 机器人外部紧急停止 | 连接至 KA33<br>继电器 | 机器人控制器<br>外部急停信号 |

（续）

| PLC 输出信号 | | | | |
|---|---|---|---|---|
| 序号 | PLC 地址 | 作用 | 注释 | 信号连接设备 |
| 8 | Y007 | AGV_HA1 | | 安全防护系统（有机玻璃房） |
| 9 | Y010 | AGV_HA2 | | |
| 10 | Y011 | AGV_HA3 | | |
| 11 | Y012 | HL1 运行警示灯 | | |
| 12 | Y013 | HL2 停止警示灯 | | |
| 13 | Y014 | HL3 报警警示灯 | | |
| 14 | Y015 | YA01 顶料气缸电磁阀 | 落料机构气缸电磁阀信号 | 集成接线端子盒（位于机器人工作台侧面） |
| 15 | Y016 | YA02 推料气缸电磁阀 | | |
| 16 | Y017 | YA03 左侧三爪卡盘电磁阀 | | |
| 17 | Y020 | YA04 右侧三爪卡盘电磁阀 | | |
| 18 | Y021 | YA05（未使用） | | |
| 19 | Y022 | YA06（未使用） | | |
| 20 | Y023 | | | |
| 21 | Y024 | | | |
| 22 | Y025 | | | |
| 23 | Y026 | （DI1）机器人电动机上电 | | 机器人 I/O 板（DSQC652） |
| 24 | Y027 | （DI2）机器人程序启动 | | |
| 25 | Y030 | （DI3）机器人主程序启动 | | |
| 26 | Y031 | （DI4）机器人急停复位 | | |
| 27 | Y032 | （DI5）机器人停止 | | |
| 28 | Y033 | （DI6）左侧卡盘动作完成 | | |
| 29 | Y034 | （DI7）右侧卡盘动作完成 | | |
| 30 | Y035 | （DI8）出料口夹料信号 | | |
| 31 | Y036 | （DI9）未使用 | | |
| 32 | Y037 | （DI10）未使用 | | |

## 五、电气线路和气路的安装

根据表 2-9-2 的 I/O 表和图 2-9-5 所示的工作站接线示意图，进行上下料工作站的线路安装。

## 六、PLC 程序设计

根据任务要求，参照表 2-9-2 的 I/O 分配表，设计的 PLC 梯形图部分程序如图 2-2-15 所示。

## 七、确定机器人运动所需示教点

对工作站工作流程分析，上下料工作站主要由双爪夹具模拟机床上下料工作。在上料的

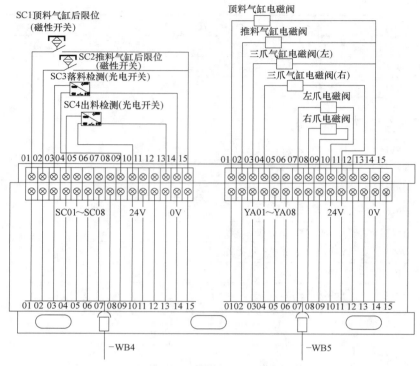

图 2-9-5　工作站接线示意图

同时进行下料工作，提高工作效率，保证加工的工作节拍。机器人运动的示教点可根据机器人的运动轨迹定义，具体示教点位置不再详述。

## 八、机器人程序的编写

根据机器人运动轨迹编写机器人程序时，首先根据控制要求绘制机器人程序流程图，然后编写机器人主程序和子程序。子程序主要包括机器人初始化子程序、左爪上料子程序、右爪上料子程序、左侧卡盘加工子程序、右侧卡盘加工子程序、入库子程序。编写子程序前要先设计好机器人的运行轨迹及定义好机器人的程序点。

### 1. 机器人程序流程图

机器人程序流程图如图 2-9-6 所示。

### 2. 机器人程序设计

根据机器人程序流程图设计出的机器人参考程序如下：

MODULE Module1

！主程序

PROC main( )

　　rIntiAll；！初始化子程序

　　WHILE TRUE DO

　　LPick；！左爪抓料子程序

图 2-9-6　机器人
程序流程图

```
        WaitTime 1;
        RPick;！右爪抓料子程序
        Lchuck;！左侧卡盘子程序
        WaitTime 1;
        Rchuck;！右侧卡盘子程序
        Place;！夹料入库子程序
        WaitTime 10;
    ENDWHILE
ENDPROC
PROC rIntiAll()！初始化子程序
        AccSet 50,100;
        VelSet 50,2000;
        WaitTime 0.3;
        MoveJ pHome,v500,z100,Gripper_2_1\WObj:=wobj0;
        Reset DO10_16;
        Reset DO10_15;
        Reset DO10_02;
        Reset DO10_06;
        reg1:=1;
        WaitTime 0.3;
ENDPROC
PROC LPick()！左爪抓料子程序
        MoveJ LPick1,v500,z100,Gripper_1_1\WObj:=wobj0;
        MoveJ LPick2,v500,z10,Gripper_1_1\WObj:=wobj0;
        MoveL LPickOk1,v50,fine,Gripper_1_1\WObj:=wobj0;
        Set do10_15;
        WaitTime 1;
        MoveL offs(LPickOk1,0,0,50),v200,fine,Gripper_1_1\WObj:=wobj0;
        ！抓取完成后回到工作原点位置准备切换手爪2工具
        MoveJ p10,v500,z100,tool0\WObj:=wobj0;
ENDPROC
PROC RPick()！右爪抓料子程序
        MoveJ RPick1,v500,z100,Gripper_2_1\WObj:=wobj0;
        ！切换成右爪工具并调整好机器人手爪姿态
        MoveJ RPick2,v500,z10,Gripper_2_1\WObj:=wobj0;
        MoveL RPickOk1,v50,fine,Gripper_2_1\WObj:=wobj0;
        Set do10_16;
        WaitTime 1;
        MoveL offs(RPickOk1,0,0,50),v200,fine,Gripper_2_1\WObj:=wobj0;
```

```
        ！抓取完成后回到工作原点位置准备下一步动作
        MoveJ p20,v500,z100,tool0\WObj:=wobj0;
    ENDPROC
    PROC Lchuck()！左侧卡盘动作子程序
        MoveJ p30,v500,z100,tool0\WObj:=wobj0;
        MoveJ Lchuck1,v500,z10,Gripper_1_1\WObj:=wobj0;
        ！机器人左爪抓料至卡盘中心
        MoveL Lchuck2,v50,fine,Gripper_1_1\WObj:=wobj0;
        SetDO do10_06;！给PLC反馈左爪上料请求
        WaitDI di10_6,1;！等待PLC控制卡盘夹紧
        WaitTime 1;
        Reset d010_15;！手抓1松开放料,模拟车床卡盘上料完成
        WaitTime 1;
        MoveL offs(Lchuck2,0,100,0),v500,fine,Gripper_1_1\WObj:=wobj0;
        WaitTime 1;
        ！抓取完成后回到工作原点位置准备下一步动作
        MoveJ p30,v500,z100,tool0\WObj:=wobj0;
    ENDPROC


    PROC Rchuck()！右侧卡盘动作子程序
        MoveJ p40,v500,z100,tool0\WObj:=wobj0;
        MoveJ Rchuck1,v500,z10,Gripper_2_1\WObj:=wobj0;
        ！机器人右爪抓料至卡盘中心
        MoveL Rchuck2,v50,fine,Gripper_2_1\WObj:=wobj0;
        SetDO do10_02;！给PLC反馈右爪上料请求
        WaitDI di10_7,1;！等待PLC控制卡盘夹紧
        WaitTime 1;
        Reset d010_16;！手爪2松开放料,模拟车床卡盘上料完成
        WaitTime 1;
        MoveL offs(Rchuck2,0,-100,0),v500,fine,Gripper_2_1\WObj:=wobj0;
        ！抓取完成后回到工作原点位置准备下一步动作
        MoveJ p50,v500,z100,tool0\WObj:=wobj0;
        WaitTime 1;
    ENDPROC


    PROC Place()！夹料入库子程序
    IF reg1<5 THEN
        TEST reg1
        CASE 1:
```

```
        LPlace:LPlace1;! 左爪第一个物料放置位置
        RPlace:RPlace1;! 右爪第一个物料放置位置
        CASE 2:
        LPlace:LPlace2;! 左爪第二个物料放置位置
        RPlace:RPlace2;! 右爪第二个物料放置位置
        CASE 3:
        LPlace:LPlace3;! 左爪第三个物料放置位置
        RPlace:RPlace3;! 右爪第三个物料放置位置
        CASE 4:
        LPlace:LPlace4;! 左爪第四个物料放置位置
        RPlace:RPlace4;! 右爪第四个物料放置位置
        DEFAULT:
        ENDTEST
```

ELSE! 如果 REG1>=5 左爪抓取一个物料至左侧卡盘模拟加工完毕后放入最后一个立体库存放。

```
        LPick;
        Lchuck;
        MoveJ p30,v500,z100,tool0\WObj:=wobj0;
        MoveJ Lchuck1,v500,z10,Gripper_1_1\WObj:=wobj0;
        MoveL Lchuck2,v50,fine,Gripper_1_1\WObj:=wobj0;
        WaitTime 1;
        set do10_15;
        WaitTime 1;
        Reset do10_06;
        WaitDI di10_6,0;
        MoveL offs(Lchuck2,0,100,0),v500,fine,Gripper_1_1\WObj:=wobj0;
        WaitTime 1;
        MoveJ p30,v500,z100,tool0\WObj:=wobj0;
        MoveL offs(LPlace5,50,0,50),v50,fine,Gripper_1_1\WObj:=wobj0;
        MoveL offs(LPlace5,0,0,0),v50,fine,Gripper_1_1\WObj:=wobj0;
        PulseDO\PLength:=1,do_04;
        Stop;
    ENDIF
        MoveJ p60,v500,z100,tool0\WObj:=wobj0;
        MoveJ p30,v500,z100,tool0\WObj:=wobj0;
        MoveJ Lchuck1,v500,z10,Gripper_1_1\WObj:=wobj0;
        MoveL Lchuck2,v50,fine,Gripper_1_1\WObj:=wobj0;
        WaitTime 1;
        set do10_15;
```

```
    WaitTime 1;
    Reset do10_06;
    WaitDI di10_6,0;
    MoveL offs(Lchuck2,0,100,0),v500,fine,Gripper_1_1\WObj:=wobj0;
    WaitTime 1;
    MoveJ p30,v500,z100,tool0\WObj:=wobj0;
    MoveL offs(LPlace,50,0,50),v50,fine,Gripper_1_1\WObj:=wobj0;
    MoveL offs(LPlace,0,0,0),v50,fine,Gripper_1_1\WObj:=wobj0;
    MoveJ p60,v500,z100,tool0\WObj:=wobj0;
    MoveJ p40,v500,z100,tool0\WObj:=wobj0;
    MoveJ Rchuck1,v500,z10,Gripper_2_1\WObj:=wobj0;
    MoveL Rchuck2,v50,fine,Gripper_2_1\WObj:=wobj0;
    WaitTime 1;
    set d010_16;
    WaitTime 1;
    Reset do10_02;
    WaitDI di10_7,0;
    MoveL offs(Rchuck2,0,-100,0),v500,fine,Gripper_2_1\WObj:=wobj0;
    MoveJ p50,v500,z100,tool0\WObj:=wobj0;
    MoveL offs(RPlace,50,0,50),v50,fine,Gripper_2_1\WObj:=wobj0;
    MoveL offs(RPlace,0,0,0),v50,fine,Gripper_2_1\WObj:=wobj0;
    Incr reg1;
  ENDPROC
ENDMODULE
```

**3. 程序数据修改**

1）机器人程序位置点的修改。手动操纵机器人到所要修改点的位置，进入"程序数据"中的"robtarget"数据，选择所要修改的点，单击"编辑"中的"修改位置"完成修改，如图2-9-7所示。

图 2-9-7　机器人程序位置点的修改

2) 同理，依次完成其他点的示教修改。

## 检查测评

对任务实施的完成情况进行检查，并将结果填入表 2-9-3 内。

表 2-9-3 任务测评表

| 序号 | 主要内容 | 考核要求 | 评 分 标 准 | 配分 | 扣分 | 得分 |
|---|---|---|---|---|---|---|
| 1 | 机械安装 | 夹具与模块固定紧固，不缺少螺钉 | 1. 夹具与模块安装位置不合适，扣 5 分<br>2. 夹具或模块松动，扣 5 分<br>3. 损坏夹具或模块，扣 10 分 | 10 | | |
| 2 | 机器人程序设计与示教操作 | I/O 配置完整，程序设计正确，机器人示教正确 | 1. 操作机器人动作不规范，扣 5 分<br>2. 机器人不能完成上下料，每个轨迹扣 10 分<br>3. 缺少 I/O 配置，每个扣 1 分<br>4. 程序缺少输出信号设计，每个扣 1 分<br>5. 工具坐标系定义错误或缺失，每个扣 5 分 | 70 | | |
| 3 | PLC 程序设计 | PLC 程序正确；I/O 配置完整；PLC 程序完整 | 1. PLC 程序出错，扣 3 分<br>2. PLC 配置不完整，每个扣 1 分<br>3. PLC 程序缺失，视情况严重性扣 3 ~ 10 分 | 10 | | |
| 4 | 安全文明生产 | 劳动保护用品穿戴整齐，遵守操作规程，讲文明礼貌，操作结束要清理现场 | 1. 操作中，违反安全文明生产考核要求的任何一项扣 5 分，扣完为止<br>2. 当发现学生有重大事故隐患时，要立即予以制止，并每次扣安全文明生产总分 5 分<br>3. 穿戴不整洁，扣 2 分；设备不还原，扣 5 分；现场不清理，扣 5 分 | 10 | | |
| 合　计 | | | | | | |
| 开始时间： | | | 结束时间： | | | |

## 任务十　工业机器人自动生产工作站的编程与操作

## 学习目标

知识目标：1. 掌握六轴工业机器人的编程与示教。

2. 掌握工业机器人单吸盘夹具的控制使用。

3. 掌握工业机器人的运动路径的设计方法。

4. 掌握工业机器人与 PLC 系统集成的设计方法。

能力目标：1. 能够完成工作站及夹具的安装。

2. 能够完成 PLC 编程。

3. 能完成机器人与工作站的系统集成。

## 工作任务

图 2-10-1 所示为某工业机器人自动生产单元模型工作站。本任务采用示教编程方法，

操作机器人实现入库的示教模拟物流入库工作。

具体控制要求如下：

通过 PLC 程序控制落料机构进行工件毛坯供料，待供料工件推出后，PLC 通过变频器驱动同步输送带，待到工件移动至输送带末端。输送带末端传感器检测到工件以后，机器人运行至物料上方，将物料进行码垛入库。

## 相关知识

### 工业机器人自动生产模型工作站

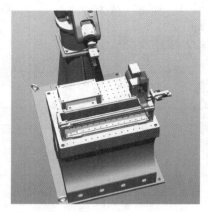

图 2-10-1　工业机器人自动生产单元模型工作站

自动生产线工作站包含供料单元、同步输送带、变频器、三相异步电动机、码垛工作台等组成，且三相异步电动机侧轴装有旋转编码器，便于对电动机闭环控制，可精确定位物料的位置。

#### 1. 自动生产线工作站的工作流程

自动生产线工作站工作时，控制系统控制供料单元进行供料、推料至输送带，待物料输送至输送带末端时机器人进行物料分拣码垛工作。

#### 2. 工业机器人的系统组成

本工作站所采用的是一款额定负载 3kg，小型六自由度的 IRB 型工业机器人，它由机器人本体、控制器、示教器和连接电缆组成。

## 任务实施

### 一、任务准备

实施本任务教学所使用的实训设备及工具材料可参考表 2-10-1。

表 2-10-1　实训设备及工具材料

| 序号 | 分类 | 名　　称 | 型 号 规 格 | 数量 | 单位 | 备注 |
|---|---|---|---|---|---|---|
| 1 | 工具 | 内六角扳手 | 4.0mm | 1 | 个 | 钳工桌 |
| 2 | | 内六角扳手 | 5.0mm | 1 | 个 | 钳工桌 |
| 3 | 设备器材 | 内六角螺钉 | M4 | 4 | 颗 | 模块存放柜 |
| 4 | | 内六角螺钉 | M5 | 16 | 颗 | 模块存放柜 |
| 5 | | 吸盘手爪夹具 | | 1 | 套 | 模块存放柜 |
| 6 | | 自动生产线套件 | | 1 | 个 | 模块存放柜 |

### 二、自动生产线套件与夹具的安装

#### 1. 自动生产线套件的安装

用螺钉将自动生产线套件固定在模型实训平台的合适位置，要求固定牢靠稳定，安装电动机和输送带连接部分时需调同轴度，如图 2-10-2 所示。

### 2. 夹具的安装

自动生产线站夹具同码垛工作站夹具一致，均采用真空吸盘夹具对物料进行吸取。安装夹具时选择合适的内六角螺钉安装至机器人六轴法兰上，如图 2-10-3 所示。

## 三、设计控制原理框图

根据控制要求，设计控制原理框图如图 2-8-5 所示。

## 四、设计 I/O 分配表

### 演示模式

PLC 控制柜的配线已经完成。PLC 输入信号 X026～X037 对应机器人输出信号 DO1～DO10，PLC 输出信号 Y026～Y037 对应机器人输入信号 DI1～DI10。根据工作站任务要求所示对机器人 I/O 信号：System Input、System Output 进行配置见表 2-10-2。

图 2-10-2 自动生产线套件的安装

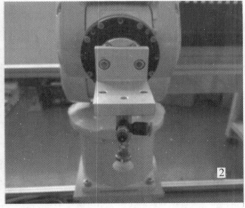

图 2-10-3 吸盘夹具的安装

表 2-10-2 演示模式下 PLC 的 I/O 分配表

| PLC 输入信号 | | | | |
|---|---|---|---|---|
| 序号 | PLC 地址 | 作用 | 注释 | 信号连接设备 |
| 1 | X000 | 编码器 A 相 SC7 | 三菱 PLC 高速计数器 C251 采用 X000,X001 作为双相输入,因此使用该站时。启动按钮信号改为 X17 | PLC 控制柜面板 |
| 2 | X001 | 编码器 B 相 SC8 | | |
| 3 | X002 | 复位按钮 | | |
| 4 | X003 | 暂停按钮 | | |
| 5 | X004 | 急停按钮 | 1 = 正常<br>0 = 急停动作 | |

（续）

| PLC 输入信号 | | | | |
|---|---|---|---|---|
| 序号 | PLC 地址 | 作用 | 注释 | 信号连接设备 |
| 6 | X005 | 门磁开关 | 1＝门关闭<br>0＝门打开 | 安全防护系统<br>（有机玻璃房） |
| 7 | X006 | 光幕常闭信号 | 1＝正常<br>0＝触发光幕 | |
| 8 | X007 | SC1 顶料气缸后限位 | 落料机构传<br>感器信号 | |
| 9 | X010 | SC2 推料气缸后限位 | | |
| 10 | X011 | SC3 落料检测 | | |
| 11 | X012 | SC4 夹料位检测 | 输送带末端<br>物料检测信号 | |
| 12 | X013 | SC5 未使用 | | |
| 13 | X014 | SC6 未使用 | | |
| 14 | X015 | SC7 改接至 X000 | | 集成接线端子盒<br>（位于机器人工作台侧面） |
| 15 | X016 | SC8 改接至 X001 | | |
| 16 | X017 | 启动按钮 | | |
| 17 | X020 | 系统预留 | | |
| 18 | X021 | 系统预留 | | |
| 19 | X022 | 系统预留 | | |
| 20 | X023 | 系统预留 | | |
| 21 | X024 | 系统预留 | | |
| 22 | X025 | 系统预留 | | |
| 23 | X026 | （DO1）机器人电动机已上电 | | |
| 24 | X027 | （DO2）机器人在原点位置 | | |
| 25 | X030 | （DO3）机器人自动运行状态 | | |
| 26 | X031 | （DO4）机器人工作完成 | | |
| 27 | X032 | （DO5）机器人紧急停止 | | 机器人 I/O 板<br>（DSQC652） |
| 28 | X033 | （DO6）未使用 | | |
| 29 | X034 | （DO7）未使用 | | |
| 30 | X035 | （DO8）未使用 | | |
| 31 | X036 | （DO9）未使用 | | |
| 32 | X037 | （DO10）未使用 | | |
| PLC 输出信号 | | | | |
| 序号 | PLC 地址 | 符号 | 注释 | 信号连接设备 |
| 1 | Y000 | | | |
| 2 | Y001 | | | |
| 3 | Y002 | | | |
| 4 | Y003 | STF | 电动机正转 | 连接至变频器 STF |
| 5 | Y004 | HG 运行指示灯 | | PLC 控制柜面板 |
| 6 | Y005 | HR 停止指示灯 | | |
| 7 | Y006 | 机器人外部紧急停止 | 连接至 KA33<br>继电器 | 机器人控制器<br>外部急停信号 |

（续）

| PLC 输出信号 | | | | |
|---|---|---|---|---|
| 序号 | PLC 地址 | 符号 | 注释 | 信号连接设备 |
| 8 | Y007 | AGV_HA1 | | |
| 9 | Y010 | AGV_HA2 | | |
| 10 | Y011 | AGV_HA3 | | 安全防护系统 |
| 11 | Y012 | HL1 运行警示灯 | | （有机玻璃房） |
| 12 | Y013 | HL2 停止警示灯 | | |
| 13 | Y014 | HL3 报警警示灯 | | |
| 14 | Y015 | YA01 顶料气缸电磁阀 | 落料机构气缸 | |
| 15 | Y016 | YA02 推料气缸电磁阀 | 电磁阀信号 | |
| 16 | Y017 | YA03（未使用） | | 集成接线端子盒 |
| 17 | Y020 | YA04（未使用） | | （位于机器人工作台侧面） |
| 18 | Y021 | YA05（未使用） | | |
| 19 | Y022 | YA06（未使用） | | |
| 20 | Y023 | | | |
| 21 | Y024 | | | |
| 22 | Y025 | | | |
| 23 | Y026 | （DI1）机器人电动机上电 | | |
| 24 | Y027 | （DI2）机器人程序启动 | | |
| 25 | Y030 | （DI3）机器人主程序启动 | | |
| 26 | Y031 | （DI4）机器人急停复位 | | |
| 27 | Y032 | （DI5）机器人停止 | | 机器人 I/O 板 |
| 28 | Y033 | （DI6）夹料位置信号 | | （DSQC652） |
| 29 | Y034 | （DI7）未使用 | | |
| 30 | Y035 | （DI8）未使用 | | |
| 31 | Y036 | （DI9）未使用 | | |
| 32 | Y037 | （DI10）未使用 | | |

## 五、PLC 程序设计

根据任务要求，参照表 2-10-2 的 I/O 分配表，设计的 PLC 梯形图部分程序如图 2-2-15 所示。注意：因 X001 的输入口被占用，程序段 30 行 X001 改为 X017。

## 六、确定机器人运动所需示教点

对工作站工作流程分析，自动生产线工作站主要由 PLC 控制供料机构进行供料后由变频驱动同步输送带传送工件至输送带末端。机器人由输送带末端把工件整齐码放至托盘上。根据工作流程判断机器人运动的示教点可根据机器人的运动轨迹定义，具体示教点位置不再详述。

## 七、机器人程序的编写

根据机器人运动轨迹编写机器人程序时，首先根据控制要求绘制机器人程序流程图，然后编写机器人主程序和子程序。子程序主要包括机器人初始化子程序、抓料子程序、码垛子程序。编写子程序前要先设计好机器人的运行轨迹及定义好机器人的程序点。

### 1. 机器人程序流程图

机器人程序流程图如图2-10-4所示。

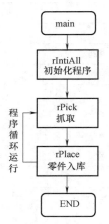

图 2-10-4 机器人程序流程图

### 2. 机器人程序设计

根据图 2-10-4 机器人流程图设计的机器人参考程序如下：

```
PROC main( )
        rInitAll;
        WHILE TRUE DO
           WaitDI di10_06;
           rPick;
           WaitTime 1;
           rPlace;
        ENDWHILE
        ENDPROC
        PROC rInitAll( )
         nCount: = 0;
         reg1: = 0;
         reg2: = 0;
          Reset d010_16;
          MoveJ pHome, v1000, z100, tGripper\WObj: = wobj0;
        ENDPROC

        PROC rPick( )
```

```
        MoveJ Offs(pPick,0,0,100),v800,z80,tGripper\WObj:=wobj0;
        MoveL pPick,v100,fine,tGripper\WObj:=wobj0;
        WaitTime 1;
        Set do10_16;
        WaitTime 1;
        MoveJ Offs(pPick,0,0,100),v800,z80,tGripper\WObj:=wobj0;
    ENDPROC
PROC rPlace()
    MoveJ Offs(pPlase1,reg2*70,reg1*26,100),v800,z80,tGripper\WObj:=Wobj_1;
    MoveL Offs(pPlase1,reg2*70,reg1*26,100),v100,fine,tGripper\WObj:=Wobj_1;
    WaitTime 1;
    Reset do10_16;
    WaitTime 1;
    MoveL Offs(pPlase1,reg2*70,reg1*26,100),v800,z80,tGripper\WObj:=Wobj_1;
    Incr nCount;
    Incr reg1;
    IF nCount=6 THEN
        reg1:=0;
        reg2:=1;
    ELSEIF nCount=12 THEN
    MoveJ pHome,v1000,z100,tGripper\WObj:=wobj0;
        PulseDO\PLength:=1,do_04;
        Stop;
        ENDIF
    ENDPROC
ENDMODULE
```

### 3. 程序数据修改

1）机器人程序位置点的修改。手动操纵机器人到所要修改点的位置，进入"程序数据"中的"robtarget"数据，选择所要修改的点，单击"编辑"中的"修改位置"完成修改，如图 2-10-5 所示。

2）同理，依次完成其他点的示教修改。

检查测评

对任务实施的完成情况进行检查，并将结果填入表 2-10-3 内。

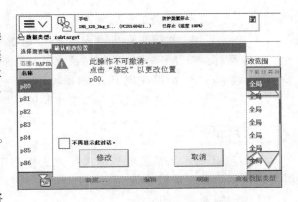

图 2-10-5　机器人程序位置点的修改

表 2-10-3　任务测评表

| 序号 | 主要内容 | 考核要求 | 评分标准 | 配分 | 扣分 | 得分 |
|---|---|---|---|---|---|---|
| 1 | 机械安装 | 夹具与模块固定紧固,不缺少螺钉 | 1. 夹具与模块安装位置不合适,扣 5 分<br>2. 夹具或模块松动,扣 5 分<br>3. 损坏夹具或模块,扣 10 分 | 10 | | |
| 2 | 机器人程序设计与示教操作 | I/O 配置完整,程序设计正确,机器人示教正确 | 1. 操作机器人动作不规范,扣 5 分<br>2. 机器人抓取和码放物料时应尽量整齐平稳,不整齐的每个扣 1 分,共扣 10 分<br>3. 缺少 I/O 配置,每个扣 1 分<br>4. 程序缺少输出信号设计,每个扣 1 分<br>5. 工具坐标系定义错误或缺失,每个扣 5 分 | 70 | | |
| 3 | PLC 程序设计 | PLC 程序正确;I/O 配置完整;PLC 程序完整 | 1. PLC 程序出错,扣 3 分<br>2. PLC 配置不完整,每个扣 1 分<br>3. PLC 程序缺失,视情况严重性扣 3 ~ 10 分 | 10 | | |
| 4 | 安全文明生产 | 劳动保护用品穿戴整齐,遵守操作规程,讲文明礼貌,操作结束要清理现场 | 1. 操作中,违反安全文明生产考核要求的任何一项扣 5 分,扣完为止<br>2. 当发现学生有重大事故隐患时,要立即予以制止,并每次扣安全文明生产总分 5 分<br>3. 穿戴不整洁,扣 2 分;设备不还原,扣 5 分;现场不清理,扣 5 分 | 10 | | |
| 合　计 | | | | | | |
| 开始时间: | | | 结束时间: | | | |

<br>

# 任务十一　工业机器人变位机工作站的编程与操作

## 学习目标

　　知识目标：1. 掌握六轴工业机器人的编程与示教。

　　　　　　　2. 掌握工业机器人控制使用。

　　　　　　　3. 掌握工业机器人的运动路径的设计方法。

　　　　　　　4. 掌握工业机器人与 PLC 系统集成的设计方法。

　　能力目标：1. 能够完成工作站及夹具的安装。

　　　　　　　2. 能够完成 PLC 编程。

　　　　　　　3. 能完成机器人与工作站的系统集成。

## 工作任务

　　图 2-11-1 所示为某工业机器人变位机模型工作站。本任务采用示教编程方法,操作机器人配合伺服系统模拟单轴变位机工作。

　　具体控制要求如下:

　　通过 PLC 程序控制伺服驱动器驱动伺服电动机,让变位机面板翻转,待变位机翻转后,机器人焊枪沿着待焊接焊缝表面模拟焊接工作。等第一次模拟焊接结束以后，机器人反馈焊接完成信号，PLC 驱动伺服电动机进行翻转，机器人对另一侧进行焊接，全部焊接完成后机器人返回工作原点。

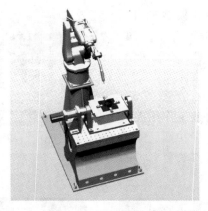

图 2-11-1　工业机器人变位机模型工作站

## 相关知识

### 一、工业机器人变位机模型工作站

变位机工作站包含焊枪夹具、伺服驱动器、伺服电动机、变位机翻转机构、固定件等组成。

### 二、工业机器人的系统组成

本工作站所采用的是一款额定负载 3kg，小型六自由度的 IRB 型工业机器人。它由机器人本体、控制器、示教器和连接电缆组成。

## 任务实施

### 一、任务准备

实施本任务教学所使用的实训设备及工具材料可参考表 2-11-1。

表 2-11-1　实训设备及工具材料

| 序号 | 分类 | 名　　称 | 型 号 规 格 | 数量 | 单位 | 备注 |
|---|---|---|---|---|---|---|
| 1 | 工具 | 内六角扳手 | 4.0mm | 1 | 个 | 钳工桌 |
| 2 | | 内六角扳手 | 5.0mm | 1 | 个 | 钳工桌 |
| 3 | 设备器材 | 内六角螺钉 | M4 | 4 | 颗 | 模块存放柜 |
| 4 | | 内六角螺钉 | M5 | 8 | 颗 | 模块存放柜 |
| 5 | | 焊枪夹具 | | 1 | 套 | 模块存放柜 |
| 6 | | 变位机套件 | | 1 | 个 | 模块存放柜 |

## 二、变位机套件与夹具的安装

### 1. 变位机套件的安装

用螺钉将变位机套件固定在模型实训平台的合适位置，要求固定牢靠稳定，安装电动机和翻转机构连接部分时需调同轴，如图2-11-2所示。

### 2. 夹具的安装

变位机站夹具同机器人轨迹工作站夹具一致，均采用焊枪夹具模拟焊接功能。安装夹具时选择合适的内六角螺钉安装至机器人六轴法兰上，如图2-11-3所示。

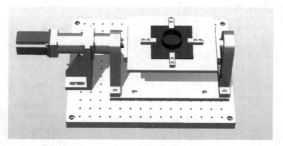

图 2-11-2　变位机套件的安装

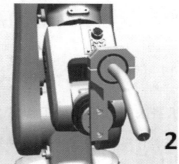

图 2-11-3　焊枪夹具的安装

## 三、设计控制原理方框图

根据控制要求，设计控制原理方框图如图2-8-5所示。

## 四、设计 I/O 分配表

PLC 控制柜的配线已经完成。PLC 输入信号 X026～X037 对应机器人输出信号 DO1～DO10，PLC 输出信号 Y026～Y037 对应机器人输入信号 DI1～DI10。根据工作站任务要求所示对机器人 I/O 信号：System Input、System Output 进行配置，见表2-11-2。

表 2-11-2　PLC 的 I/O 分配表

| PLC 输入信号 | | | | |
|---|---|---|---|---|
| 序号 | PLC 地址 | 作用 | 注释 | 信号连接设备 |
| 1 | X000 | | | |
| 2 | X001 | 启动按钮 | | |
| 3 | X002 | 复位按钮 | | |
| 4 | X003 | 暂停按钮 | | PLC 控制柜面板 |
| 5 | X004 | 急停按钮 | 1 = 正常<br>0 = 急停动作 | |

（续）

| 序号 | PLC 地址 | 作用 | 注释 | 信号连接设备 |
|---|---|---|---|---|
| | | **PLC 输入信号** | | |
| 6 | X005 | 门磁开关 | 1 = 门关闭<br>0 = 门打开 | 安全防护系统<br>（有机玻璃房） |
| 7 | X006 | 光幕常闭信号 | 1 = 正常<br>0 = 触发光幕 | |
| 8 | X007 | SC1 原点位置检测 | 伺服电机原点位置<br>行程开关检测信号 | |
| 9 | X010 | SC2 未使用 | | 集成接线端子盒<br>（位于机器人工作台侧面） |
| 10 | X011 | SC3 未使用 | | |
| 11 | X012 | SC4 未使用 | | |
| 12 | X013 | SC5 未使用 | | |
| 13 | X014 | SC6 未使用 | | |
| 14 | X015 | SC7 未使用 | | |
| 15 | X016 | SC8 未使用 | | |
| 16 | X017 | 系统预留 | | |
| 17 | X020 | 系统预留 | | 集成接线端子盒<br>（位于机器人工作台侧面） |
| 18 | X021 | 系统预留 | | |
| 19 | X022 | 系统预留 | | |
| 20 | X023 | 系统预留 | | |
| 21 | X024 | 系统预留 | | |
| 22 | X025 | 系统预留 | | |
| 23 | X026 | （DO1）机器人电动机已上电 | | |
| 24 | X027 | （DO2）机器人在原点位置 | | |
| 25 | X030 | （DO3）机器人自动运行状态 | | |
| 26 | X031 | （DO4）机器人工作完成 | | |
| 27 | X032 | （DO5）机器人紧急停止 | | 机器人 I/O 板<br>（DSQC652） |
| 28 | X033 | （DO6）未使用 | | |
| 29 | X034 | （DO7）未使用 | | |
| 30 | X035 | （DO8）未使用 | | |
| 31 | X036 | （DO9）未使用 | | |
| 32 | X037 | （DO10）未使用 | | |
| | | **PLC 输出信号** | | |
| 序号 | PLC 地址 | 作用 | 注释 | 信号连接设备 |
| 1 | Y000 | PULS- | 脉冲信号 | 伺服驱动器 |
| 2 | Y001 | SIGN- | 方向 | |
| 3 | Y002 | S_ON | 伺服 ON | |
| 4 | Y003 | | | |
| 5 | Y004 | HG 运行指示灯 | | PLC 控制柜面板 |
| 6 | Y005 | HR 停止指示灯 | | |

（续）

| PLC 输出信号 | | | | |
|---|---|---|---|---|
| 序号 | PLC 地址 | 作用 | 注释 | 信号连接设备 |
| 7 | Y006 | 机器人外部紧急停止 | 连接至 KA33 继电器 | 机器人控制器外部急停信号 |
| 8 | Y007 | AGV_HA1 | | |
| 9 | Y010 | AGV_HA2 | | |
| 10 | Y011 | AGV_HA3 | | 安全防护系统（有机玻璃房） |
| 11 | Y012 | HL1 运行警示灯 | | |
| 12 | Y013 | HL2 停止警示灯 | | |
| 13 | Y014 | HL3 报警警示灯 | | |
| 14 | Y015 | YA01（未使用） | | |
| 15 | Y016 | YA02（未使用） | | |
| 16 | Y017 | YA03（未使用） | | 集成接线端子盒（位于机器人工作台侧面） |
| 17 | Y020 | YA04（未使用） | | |
| 18 | Y021 | YA05（未使用） | | |
| 19 | Y022 | YA06（未使用） | | |
| 20 | Y023 | | | |
| 21 | Y024 | | | |
| 22 | Y025 | | | |
| 23 | Y026 | （DI1）机器人电动机上电 | | |
| 24 | Y027 | （DI2）机器人程序启动 | | |
| 25 | Y030 | （DI3）机器人主程序启动 | | |
| 26 | Y031 | （DI4）机器人急停复位 | | |
| 27 | Y032 | （DI5）机器人停止 | | 机器人 I/O 板（DSQC652） |
| 28 | Y033 | （DI6）位置翻转信号 | | |
| 29 | Y034 | （DI7）未使用 | | |
| 30 | Y035 | （DI8）未使用 | | |
| 31 | Y036 | （DI9）未使用 | | |
| 32 | Y037 | （DI10）未使用 | | |

## 五、PLC 程序设计

根据任务要求，参照表 2-11-2 的 I/O 分配表，设计的 PLC 梯形图部分程序如图 2-2-15 所示。

## 六、确定机器人运动所需示教点

对工作站工作流程分析，变位机工作站主要由 PLC 控制驱动器驱动伺服电动机让变位机构翻转，机器人接收到信号以后开始对待焊接工件焊缝进行模拟焊接。根据工作流程判断机器人运动的示教点可根据机器人的运动轨迹定义，具体示教点位置不再详述。

## 七、机器人程序的编写

根据机器人运动轨迹编写机器人程序时，首先根据控制要求绘制机器人程序流程图，然后编写机器人主程序和子程序。子程序主要包括机器人初始化子程序、第一侧焊缝轨迹子程序、第二侧焊缝轨迹子程序。编写子程序前要先设计好机器人的运行轨迹及定义好机器人的程序点。

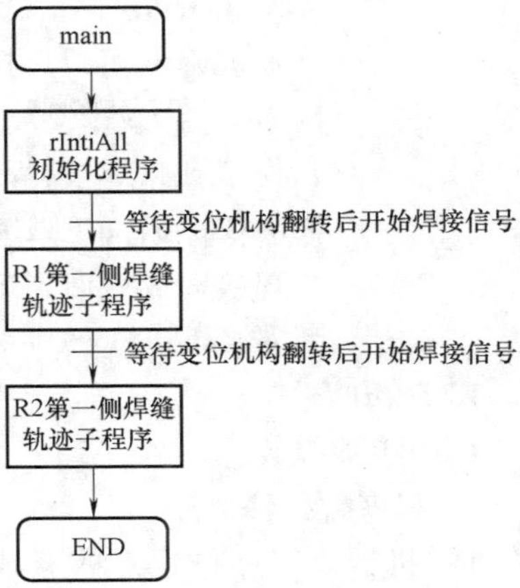

### 1. 机器人程序流程图

机器人程序流程图如图 2-11-4 所示。

### 2. 机器人程序设计

设计的机器人参考程序如下：

PROC main( )！主程序

        rIntiAll；！初始化子程序

        WaitDI DI10_06,1；！等待变位机机构翻转

                后开始焊接信号

        r1；！模拟焊接工件第一面焊缝子程序

        WaitDI DI10_06,0；！等待变位机机构翻转后开始焊接信号

        r2；！模拟焊接工件第二面焊缝子程序

        MoveJ phome,v500,z100,Tooldata_1\WObj：=wobj0；！回到工作原点

        PulseDO\PLength：=1,DO10_04；！与 PLC 反馈工作完成信号

        Stop ；！机器人停止动作

ENDPROC

PROC rInitAll( )！初始化子程序

        VelSet 75,1000；！限速指令

        AccSet 70,70；

        MoveJ phome,v1000,z100,Tooldata_1\WObj：=wobj0；

        WaitTime 2；

ENDPROC

PROC r1( )！模拟焊接工件第一面焊缝子程序

        MoveJ Offs( p10,0,0,100),v500,fine,Tooldata_1\WObj：=Wobj0；

  ！速度降低模拟焊接时开始起弧指令

  Movej p10,v10,z1,Tooldata_1\WObj：=wobj0；

        ！模拟圆弧焊接,焊接工件第一面焊缝

        MoveC p20,p30,v10,z100,Tooldata_1\WObj：=wobj0；

        ！焊接完成后回到工作原点

        MoveJ phome,v500,z100,Tooldata_1\WObj：=wobj0；

WaitTime 1；

  ！与 PLC 反馈工作完成信号等待变位机构翻转后的第二次开始焊接信号

PulseDO\PLength：=1,DO10_04；

ENDPROC

PROC r2( )！模拟焊接工件第二面焊缝子程序

        MoveJ Offs( p40,0,0,100),v500,fine,Tooldata_1\WObj：=Wobj0；

图 2-11-4 机器人程序流程图

```
        main
         │
      rIntiAll
      初始化子程序
         │
    ──┤等待变位机构翻转后开始焊接信号
    R1第一侧焊缝
    轨迹子程序
         │
    ──┤等待变位机构翻转后开始焊接信号
    R2第一侧焊缝
    轨迹子程序
         │
        END
```

WaitTime 1;

! 速度降低模拟焊接时开始起弧指令

MoveL p40,v10,z0,Tooldata_1\WObj:=wobj0;

! 模拟圆弧焊接,焊接工件第二面焊缝

MoveC p50,p60,v10,z0,Tooldata_1\WObj:=wobj0;

! 焊接完成后回到工作原点

MoveJ phome,v500,z100,Tooldata_1\WObj:=wobj0;

ENDPROC

ENDMODULE

### 3. 程序数据修改

1)机器人程序位置点的修改。手动操纵机器人到所要修改点的位置,进入"程序数据"中的"robtarget"数据,选择所要修改的点,单击"编辑"中的"修改位置"完成修改,如图 2-11-5 所示。

2)同理,依次完成其他点的示教修改。

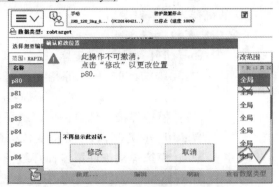

图 2-11-5 机器人程序位置点的修改

 检查测评

对任务实施的完成情况进行检查,并将结果填入表 2-11-3 内。

表 2-11-3 任务测评表

| 序号 | 主要内容 | 考核要求 | 评分标准 | 配分 | 扣分 | 得分 |
|---|---|---|---|---|---|---|
| 1 | 机械安装 | 夹具与模块固定紧固,不缺少螺钉 | 1. 夹具与模块安装位置不合适,扣 5 分<br>2. 夹具或模块松动,扣 5 分<br>3. 损坏夹具或模块,扣 10 分 | 10 | | |
| 2 | 机器人程序设计与示教操作 | I/O 配置完整,程序设计正确,机器人示教正确 | 1. 操作机器人动作不规范,扣 5 分<br>2. 机器人模拟焊接时应降低速度、且焊枪与工件的枪倾角应尽量符合焊接工艺标准,否则酌情扣分,共 10 分<br>3. 缺少 I/O 配置,每个扣 1 分<br>4. 程序缺少输出信号设计,每个扣 1 分<br>5. 工具坐标系定义错误或缺失,每个扣 5 分 | 70 | | |
| 3 | PLC 程序设计 | PLC 程序正确;I/O 配置完整;PLC 程序完整 | 1. PLC 程序出错,扣 3 分<br>2. PLC 配置不完整,每个扣 1 分<br>3. PLC 程序缺失,视情况严重性扣 3~10 分 | 10 | | |
| 4 | 安全文明生产 | 劳动保护用品穿戴整齐,遵守操作规程,讲文明礼貌,操作结束要清理现场 | 1. 操作中,违反安全文明生产考核要求的任何一项扣 5 分,扣完为止<br>2. 当发现学生有重大事故隐患时,要立即予以制止,并每次扣安全文明生产总分 5 分<br>3. 穿戴不整洁,扣 2 分;设备不还原,扣 5 分;现场不清理,扣 5 分 | 10 | | |
| 合 计 | | | | | | |
| 开始时间: | | | 结束时间: | | | |

# 模块三

# 工业机器人的管理与维护

任务一　工业机器人的管理

## 学习目标

知识目标：1. 熟悉机器人主机、控制柜主要部件的工作过程及管理。

2. 掌握机器人日常检查保养维护的项目。

能力目标：1. 会机器人的日常管理。

2. 能够对机器人进行定期保养维护。

3. 能够对机器人简单故障进行维修。

## 工作任务

机器人在现代企业生产活动中的地位和作用十分重要，而机器人状态的好坏则直接影响机器人的效率是否得到充分发挥，从而影响企业的经济效益。因此，机器人管理、维护的主要任务之一就是保证机器人正常运转，管理维护得好，机器人发挥的效率就高，企业取得的经济效益就大，相反，再好的机器人也发挥不出应有的作用。

本任务的内容是：通过学习，熟悉机器人主机、控制柜主要部件的工作过程及管理，掌握机器人日常检查保养维护的项目，并能对机器人进行定期保养维护，同时能够对机器人的简单故障进行维修。

## 相关知识

### 一、工业机器人的系统安全和工作环境安全管理

在设计和布置机器人系统时，为使操作员、编程员和维修人员能得到恰当的安全防护，应按照机器人制造厂商的规范进行。为确保机器人及其系统与预期的运行状态相一致，则应评价分析所有的环境条件（包括爆炸性混合物、腐蚀情况、湿度、污染、温度、电磁干扰（EMI）、射频干扰（RFI）和振动等）是否符合要求，否则应采取相应的措施。

### 1. 机器人系统的布局

控制装置的机柜宜安装在安全防护空间外。这可使操作人员在安全防护空间外进行操作、启动机器人完成工作任务，并且在此位置上操作人员应具有开阔的视野，能观察到机器人的运行情况及是否有其他人员处于安全防护空间内。若控制装置被安装在安全防护空间内，则其位置和固定方式应能满足在安全防护空间内各类人员安全性的要求。

### 2. 机器人的系统安全管理

1）在机器人系统的布置中，应避免机器人运动部件和与作业无关的周围固定物体（如建筑结构件、公用设施等）之间的挤压和碰撞，应保持有足够的安全间距，一般最少为0.5m。但那些与机器人完成作业任务相关的机器人和装置（如物料传送装置、工作台、相关工具台、相关机床等）则不受约束。

2）当要求由机器人系统布局来限定机器人各轴的运动范围时，应按要求来设计限定装置，并在使用时进行器件位置的正确调整和可靠固定。

在设计末端执行器时，应在其动力源（电气、液压、气动、真空等）发生变化或动力消失时，负载不会松脱落下或发生危险（如飞出）；同时，在机器人运动时由负载和末端执行器所生成的静力和动力及力矩应不超过机器人的负载能力。机器人系统的布置应考虑操作人员进行手动作业时（如零件的上、下料）的安全防护，可通过传送装置、移动工作台、旋转工作台、滑道推杆、气动和液压传送机构等过渡装置来实现，使手动上、下料的操作人员置身于安全防护空间之外，但这些自动移出或送进的装置不应产生新的危险。

3）机器人系统可采用一种或多种安全防护装置，如固定式或联锁式防护装置，包括双手控制装置、智能装置、握持-运行装置、自动停机装置、限位装置等；现场传感安全防护装置（PSSD），包括安全光幕或光屏、安全垫系统、区域扫描安全系统、单路或多路光束等。机器人系统安全防护装置的作用：

① 防止各操作阶段中与该操作无关的人员进入危险区域。

② 中断引起危险的来源。

③ 防止非预期的操作。

④ 容纳或接受由于机器人系统作业过程中可能掉落或飞出的物件。

⑤ 控制作业过程中产生的其他危险（如抑制噪声、遮挡激光或弧光、屏蔽辐射等）。

### 3. 机器人工作环境安全管理

安全装置是通过自身的结构功能设计去预防机器的某种危险，或限制运动速度、压力等危险因素。常见的安全装置有联锁装置、双手操作式装置、自动停机装置、限位装置等。在机械设备上使用一种本质安全化附件，其作用是杜绝在机械正常工作期间发生人身事故。

防护装置通常是指采用壳、罩、屏、门、盖、栅栏等封闭式装置等作为物体障碍，将人与危险隔离。例如，用金属铸造或金属板焊接的防护箱罩，一般用于齿轮传动或传输距离不大的传动装置的防护；金属骨架和金属网制成防护网，常用于带传动装置的防护；栅栏式防护适用于防护范围比较大的场合或作为移动机械临时作业的现场防护。机器人安全防护装置有固定式防护装置、活动式防护装置、可调式防护装置、联锁式防护装置、带防护锁的联锁防护装置及可控防护装置，如图3-1-1所示。

为了减小已知的危险和保护各类工作人员的安全，在设计机器人系统时，应根据机器人系统的作业任务及各阶段操作过程的需要和风险评价的结果，选择合适的安全防护装置。所

选的安全防护装置应按照制造厂的说
明进行使用和安装。

（1）固定式防护装置

1）通过紧固件（如螺钉、螺栓、螺
母等）或通过焊接将防护装置永久固定
在所需的地方。

2）其结构能承受预定的操作力和
环境产生的作用力，即应考虑结构的
强度与刚度。

图 3-1-1　机器人安全防护装置

3）其构造应不增加任何附加危险
（如应尽量减少锐边、尖角、凸起等）。

4）不使用工具就不能移开固定部件。

5）隔板或栅栏底部离地面不大于 0.3m，高度应不低于 1.5m。

**提示**

在物料搬运机器人系统周围安装的隔板或栅栏应有足够的高度以防止任何物件由于末
端夹持器松脱而飞出隔板或栅栏。

（2）联锁式防护装置

1）在机器人系统中采用联锁式防护装置时，应考虑下述原则：

① 防护装置关闭前，联锁能防止机器人系统自动操作，但防护装置的关闭应不能使机
器人进入自动操作方式，而且启动机器人进入自动操作应在控制板上谨慎地进行。

② 在伤害风险消除前，具有防护锁定的联锁防护装置应处于关闭和锁定状态；或当机
器人系统正在工作时，若防护装置被打开，系统应给出停止或急停的指令。联锁装置起作用
时，若不产生其他危险，则应能从停止位置重新启动机器人。

③ 中断动力源可消除进入安全防护区之前的危险，但动力源中断不能立即消除危险，
即联锁系统中应含有防护装置的锁定或制动系统。

④ 在进入安全防护空间的联锁门处，应考虑设有防止无意关闭联锁门的结构或装置（如采
用两组以上触点，具有磁性编码的磁性开关等）。应确保所安装的联锁装置的动作在避免了一种
危险（如停止了机器人的危险运动）时，不会引起另外的危险发生（如使危险物质进入工作区）。

2）在设计联锁系统时，也应考虑安全失效的情况，即万一某个联锁器件发生不可预见
的失效时，安全功能应不受影响。若万一受影响，则机器人系统仍应保持在安全状态。

3）在机器人系统的安全防护中经常使用现场传感装置，在设计时应遵循下述原则：

① 现场传感装置的设计和布局应能使传感装置未起作用前人员不能进入且身体各部位
不能伸到限定空间内。为了防止人员从现场传感装置旁边绕过进入危险区，要求将现场传感
装置与隔栏一起使用。

② 在设计和选择现场传感装置时，应考虑到其作用不受系统所处的任何环境条件（如
湿度、温度、噪声、光照等）的影响。

（3）安全防护空间

安全防护空间是由机器人外围的安全防护装置（如栅栏等）所组成的空间。确定安全防护空

间的大小是通过风险评价来确定需增加的机器人限定空间范围。一般应考虑当机器人在作业过程中，所有人员身体的各部分应不能接触到机器人运动部件和末端执行器或工件的运动范围。

（4）动力断开

1）提供机器人系统及外围机器人的动力源应满足制造商的规范以及本地区或国家的电气构成规范要求，并按标准提出的要求进行接地。

2）在设计机器人系统时，应考虑维护和修理的需要，必须具备与动力源断开的技术措施。断开必须做到既可见（如运行明显中断），又能通过检查断开装置操作器的位置而确认，而且能将切断装置锁定在断开位置。切断电器电源的措施应按相应的电气安全标准进行。机器人系统或其他相关机器人动力断开时，应不发生危险。

（5）急停

机器人系统的急停电路应超越其他所有控制，使所有运动停止，并从机器人驱动器上和可能引起危险的其他能源（如外围机器人中的喷漆系统、焊接电源、运动系统、加热器等）上撤出驱动动力。

1）每台机器人的操作站和其他能控制运动的场合都应设有易于迅速接近的急停装置。

2）机器人系统的急停装置应如机器人控制装置一样，其按钮开关应是掌揿式或蘑菇头式，衬底为黄色的红色按钮，且要求人工复位。

3）重新启动机器人系统运行时，应在安全防护空间外，按规定的启动步骤进行。

4）若机器人系统中安装有两台机器人，且两台机器人的限定空间具有相互交叉的部分，则其共用的急停电路应能停止系统中两台机器人的运动。

（6）远程控制

当机器人控制系统需要具有远程控制功能时，应采取有效措施防止由其他场所启动机器人运动而产生的危险。

具有远程操作（如通过通信网络）的机器人系统，应设置一种装置（如键控开关），以确定在进行本地控制时，任何远程命令均不能引发危险产生。

1）当现场传感装置已起作用时，只要不产生其他的危险，可将机器人系统从停止状态重新启动到运行状态。

2）在恢复机器人运动时，应要求撤除传感区域的阻断，此时不应使机器人系统重新启动自动操作。

3）应具有指示现场传感装置正在运动的指示灯，其安装位置应易于观察，可以集成在现场传感装置中，也可以是机器人控制接口的一部分。

（7）警示措施

在机器人系统中，为了引起人们注意潜在危险的存在，应采取警示措施。警示措施包括栅栏或信号器件。它们是用来识别通过上述安全防护装置没有阻止的残留风险，但警示措施不应是前面所述安全防护装置的替代品。

1）警示栅栏

为了防止人员意外进入机器人限定空间，应设置警示栅栏。

2）警示信号

为了给接近或处于危险中的人员提供可识别的视听信号，应设置和安装信号警示装置。在安全防护空间内采用可见的光信号来警告危险时，应有足够多的器件以便人们在接近安全防护空间时能看到光信号。

音响报警装置则应具有比环境噪声分贝级别更高的独特的警示声音。

（8）安全生产规程

考虑到机器人系统寿命中的某些阶段（例如调试阶段、生产过程转换阶段、清理阶段、维护阶段），设计出完全适用的安全防护装置去防止各种危险是不可能的，且那些安全防护装置也可以被暂停。在这种状态下，应该采用相应的安全生产规程。

（9）安全防护装置的复位

重建联锁门或现场传感装置时，其本身应不能重新启动机器人的自动操作，应要求在安全防护空间仔细地动作来重新启动机器人系统。重新启动装置的安装位置，应在安全防护空间内的人员不能够到的地方，且能观察到安全防护空间内的情况。

## 二、工业机器人的主机及控制柜等主要部件的备件管理

### 1. 机器人主机的管理

机器人主机位于机器人控制柜内，是出故障较多的部分。常见的故障有串口、并口、网卡接口失灵，进不了系统，屏幕无显示等。而机器人主板是主机的关键部件，起着至关重要的作用，它集成度越高，维修机器人主机主板的难度也越来越大，需专业的维修技术人员借助专门的数字检测设备才能完成。机器人主机主板集成的组件和电路多而复杂，容易引起故障，其中也不乏是客户人为造成的。

（1）人为因素

热插拔硬件非常危险，许多主板故障都是热插拔引起的，带电插拔装板卡及插头时用力不当容易造成对接口、芯片等的损害，从而导致主板损坏。

（2）内因

随着使用机器人时间的增长，主板上的元器件就会自然老化，从而导致主板故障。

（3）环境因素

由于操作者的保养不当，机器人主机主板上布满了灰尘，可以造成信号短路，此外，静电也常造成主板上芯片（特别是 CMOS 芯片）被击穿，引起主板故障。

因此，特别注意机器人主机的通风、防尘，减少因环境因素引起的主板故障。

### 2. 机器人控制柜的管理

（1）控制柜的保养计划表

机器人的控制柜必须有计划的经常保养，以便其正常工作。表 3-1-1 为控制柜保养计划表。

表 3-1-1　控制柜保养计划表

| 保养内容 | 设　备 | 周　期 | 说　明 |
|---|---|---|---|
| 检查 | 控制柜 | 6 个月 | |
| 清洁 | 控制柜 | | |
| 清洁 | 空气过滤器 | | |
| 更换 | 空气过滤器 | 4000h/24 个月 | 小时表示运行时间,而月份表示实际的日历时间 |
| 更换 | 电池 | 12000h/36 个月 | 同上 |
| 更换 | 电池 | 60 个月 | 同上 |

（2）检查控制柜

控制柜的检查方法与步骤见表 3-1-2。

表 3-1-2　控制柜的检查方法与步骤

| 步骤 | 操 作 方 法 |
|---|---|
| 1 | 检查并确定柜子里面有无杂质,如果发现杂质,清除并检查柜子的衬垫和密封 |
| 2 | 检查柜子的密封结合处及电缆密封管的密封性,确保灰尘和杂质不会从这些地方吸入柜子里面 |
| 3 | 检查插头及电缆连接的地方是否松动,电缆是否有破损 |
| 4 | 检查空气过滤器是否干净 |
| 5 | 检查风扇是否正常工作 |

在维修控制柜或连接到控制柜上的其他单元之前，应注意以下几点：

1）断掉控制柜的所有供电电源。

2）控制柜或连接到控制柜的其他单元内部很多元件都对静电很敏感，如果受静电影响，有可能损坏。

3）在操作时，一定要带上一个接地的静电防护装置，如特殊的静电手套等，有的模块或元件装了静电保护扣，请使用它来连接保护手套。

（3）清洁控制柜

所需设备有一般清洁器具和真空吸尘器。一般清洁器具，可以用软刷蘸酒精清洁外部柜体，真空吸尘器用来进行内部清洁。控制柜内部清洁方法与步骤参见表 3-1-3。

表 3-1-3　控制柜内部清洁方法与步骤

| 步骤 | 操作方法 | 说明 |
|---|---|---|
| 1 | 用真空吸尘器清洁柜子内部 | |
| 2 | 如果柜子里面装有热交换装置,需保持其清洁,这些装置通常在供电电源后面、计算机模块后、驱动单元后面 | 如果需要,可以先移开这些热交换装置,然后再清洁柜子 |

清洗柜子之前的注意事项：

1）尽量使用前面介绍的工具清洗，否则容易造成一些额外的问题。

2）清洁前检查保护盖或者其他保护层是否完好。

3）在清洗前，千万不要使用指定外的清洁用品，如压缩空气及溶剂等。

4）千万不要使用高压的清洁器喷射。

## 三、工业机器人的维护和保养

### 1. 控制装置及示教器的检查

机器人控制装置及示教器的检查参见表 3-1-4。

表 3-1-4　控制装置及示教器的检查

| 序号 | 检查内容 | 检查事项 | 方法及对策 |
|---|---|---|---|
| 1 | 外观 | 1. 机器人本体和控制装置是否干净<br>2. 电缆外观有无损伤<br>3. 通风孔是否堵塞 | 1. 清扫机器人本体和控制装置<br>2. 目测外观有无损伤,如果有应紧急处理,损坏严重时应进行更换<br>3. 目测通风孔是否堵塞并进行处理 |

（续）

| 序号 | 检查内容 | 检查事项 | 方法及对策 |
|---|---|---|---|
| 2 | 复位急停按钮 | 1. 面板急停按钮是否正常<br>2. 示教器急停按钮是否正常<br>3. 外部控制复位急停按钮是否正常 | 开机后用手按动面板复位急停按钮，确认有无异常，损坏时进行更换 |
| 3 | 电源指示灯 | 1. 面板、示教器、外部机器、机器人本体的指示灯是否正常<br>2. 其他指示灯是否正常 | 目测各指示灯有无异常 |
| 4 | 冷却风扇 | 运转是否正常 | 打开控制电源，目测所有风扇运转是否正常，不正常予以更换 |
| 5 | 伺服驱动器 | 伺服驱动器是否洁净 | 清洁伺服驱动器 |
| 6 | 底座螺栓 | 检查有无缺失、松动 | 用扳手拧紧、补缺 |
| 7 | 盖类螺栓 | 检查有无缺失、松动 | 用扳手拧紧、补缺 |
| 8 | 放大器输入/输出电缆安装螺钉 | 1. 放大器输入/输出电缆是否连接<br>2. 安装螺钉是否紧固 | 连接放大器输入/输出电缆，并紧固安装螺钉 |
| 9 | 编码器电池 | 机器人本体内的编码器挡板上的蓄电池电压是否正常 | 电池没电，机器人遥控盒显示编码器复位时，按照机器人维修手册上的方法进行更换（所有机型每2年更换一次） |
| 10 | I/O 模块的端子导线 | I/O 模块的端子导线是否连接导线 | 连接 I/O 模块的端子导线，并紧固螺钉 |
| 11 | 伺服放大器的输入/输出电压（AC、DC） | 打开伺服电源，参照各机型维修手册测量伺服放大器的输入/输出电压（AC、DC）是否正常，判断基准在±15%范围内 | 建议由专业人员指导 |
| 12 | 开关电源的输入输出电压 | 打开伺服电源，参照各机型维修手册，测量个 DC 电源的输入/输出电压，输入端单相 220V，输出端为 DC24V | 建议由专业人员指导 |
| 13 | 电动机抱闸线圈打开时的电压 | 在电动机抱闸线圈打开时的电压判定基准为 DC24V | 建议由专业人员指导 |

## 2. 机器人本体的检查

机器人本体的检查参见表 3-1-5。

表 3-1-5　机器人本体的检查

| 序号 | 检查内容 | 检查事项 | 方法及对策 |
|---|---|---|---|
| 1 | 整体外观 | 机器人本体外观上有无脏污、龟裂及损伤 | 清扫灰尘、焊接飞溅，并进行处理（用真空吸尘器、用布擦拭时使用少量酒精或清洁剂、用水清洁加入防腐剂） |
| 2 | 机器人本体安装螺钉 | 1. 机器人本体所安装螺钉是否紧固<br>2. 焊枪本体安装螺钉、母材线、地线是否紧固 | 1. 紧固螺钉<br>2. 紧固螺钉和各零部件 |
| 3 | 同步输送带 | 检查输送带的张紧力和磨损程度 | 1. 输送带的松紧度进行调整<br>2. 损伤、磨损严重时要更换 |
| 4 | 伺服电动机安装螺钉 | 伺服电动机安装螺钉是否紧固 | 打开控制电源，目测所有风扇运转是否正常，不正常予以更换 |

（续）

| 序号 | 检查内容 | 检查事项 | 方法及对策 |
|------|---------|---------|-----------|
| 5 | 超程开关的运转 | 闭合电源开关,打开各轴关,检查运转是否正常 | 检查机器人本体上有几个超程开关 |
| 6 | 原点标志 | 原点复位,确认原点标志是否吻合 | 目测原点标志是否吻合(思考:不吻合时如何进行示教修正操作?) |
| 7 | 腕部 | 1. 伺服锁定时腕部有无松动<br>2. 在所有运转领域中腕部有无松动 | 松动时要调整锥齿轮(思考:如何调整锥齿轮松动?) |
| 8 | 阻尼器 | 检查所有阻尼器上是否损伤,破裂或存在大于1mm的印痕,检查连接螺钉是否变形 | 目测到任何损伤必须更换新的阻尼器,如果螺钉有变形更换连接螺钉 |
| 9 | 润滑油 | 检查齿轮箱润滑油量和清洁程度 | 卸下注油塞,用带油嘴和集油箱的软管排出齿轮箱中的油,装好注油塞,重新注油(注油的量根据排出的量而定) |
| 10 | 平衡装置 | 检查平衡装置有无异常 | 卸下螺母,拆去平衡装置防护罩,抽出一点气缸检查内部平衡缸,擦干净内部目测内部环有无异常,更换任何有异常的部分,推回气缸装好防护罩并拧紧螺母 |
| 11 | 防碰撞传感器 | 闭合电源开关机伺服电源,拨动焊枪使防碰撞传感器运转,紧急停止功能是否正常 | 防碰撞传感器损坏或不能正常工作时应进行更换 |
| 12 | 空转(刚性损伤) | 运转各轴检查是否有刚性损伤 | (思考:如何确认刚性损伤) |
| 13 | 锂电池 | 检查锂电池使用时间 | 每两年更换一次 |
| 14 | 电线束、谐波油(黄油) | 检查机器人本体内电线束上黄油的情况 | 在机器人本体内电线束上涂敷黄油,以三年为一周期更换 |
| 15 | 所有轴的异常振动、声音 | 检查所有运转中轴的异常振动和异常声音 | 用示教器手动操作转动各轴,不能有异常振动和声音 |
| 16 | 所有轴的运转区域 | 示教器手动操作转动各轴,检查在软限位报警时是否达到硬限位 | 目测是否达到硬限位,进行调节 |
| 17 | 所有轴与原来标志的一致性 | 原点复位后,检查所有轴与原来标志是否一致 | 用示教器手动操作转动各轴,目测所有轴与原点标志是否一致,不一致时重新检查第6项 |
| 18 | 变速箱润滑油 | 打开注油塞检查油位 | 如有漏油,用油枪根据需要补油(第一次工作隔6000h更换,以后每隔24000h更换) |
| 19 | 外部导线 | 目测检查有无污迹,损伤 | 如有污迹、损伤,进行清理或更换 |
| 20 | 外露电动机 | 目测有无漏油 | 如有漏油清查并联系专业人员 |
| 21 | 大修 | 30000h | 请联系厂家人员 |

### 3. 连接电缆的检查

连接电缆的检查参见表3-1-6。检查机器人连接电缆时，应先关闭连接到机器人的所有电源、液压源、气压源，然后再进入机器人工作区域进行检查。

表 3-1-6　连接电缆的检查

| 序号 | 检查内容 | 检查事项 | 方法及对策 |
|---|---|---|---|
| 1 | 机器人本体与伺服电动机相连的电缆 | 1. 接线端子的松紧程度<br>2. 电缆外观有无磨损和损伤 | 1. 用手确认松紧程度<br>2. 目测外观有无损伤,如果有任何磨损应及时更换 |
| 2 | 焊机及接口相连的电缆 | 同机器人本体与伺服电动机相连的电缆 | 同上 |
| 3 | 与控制装置相连的电缆 | 1. 接线端子的松紧程度<br>2. 电缆外观(包括示教器及外部轴电缆)有无损伤 | 同上 |
| 4 | 接地线 | 1. 本体与控制装置间是否接地<br>2. 外部轴与控制装置间是否接地 | 目测并连接接地线 |
| 5 | 电缆导向装置 | 检查底座上的插接器,检查电缆导向装置有无损坏 | 如有任何磨损损坏及时更换 |

## 任务实施

### 一、任务准备

实施本任务教学所使用的实训设备及工具材料可参考表 3-1-7。

表 3-1-7　实训设备及工具材料

| 序号 | 分类 | 名称 | 型号规格 | 数量 | 单位 | 备注 |
|---|---|---|---|---|---|---|
| 1 | 工具 | 活扳手 | 8～9mm | 1 | 把 | |
| 2 | | 外六星套筒 | 20～60 | 1 | 套 | |
| 3 | | 套筒扳手组 | | 1 | 套 | |
| 4 | | 转矩扳手 | 10～100N·m | 1 | 把 | |
| 5 | | 转矩扳手 | 75～400N·m | 1 | 把 | |
| 6 | | 转矩扳手 | 1/2 的棘轮头 | 1 | 把 | |
| 7 | | 双鼓铆钉钳 | | 1 | 把 | |
| 8 | 设备器材 | 内六角螺钉 | 5～17mm | 若干 | 颗 | |
| 9 | | 外六角螺钉 | M10×100 | 若干 | 颗 | |
| 10 | | 外六角螺钉 | M16×90 | 若干 | 颗 | |

### 二、工业机器人控制柜的检查与维护

机器人的控制柜必须有计划的经常保养,以便其正常工作,其保养计划见表 3-1-8。

#### 1. 控制柜的检查

检查控制柜的方法和步骤如下:

1)断开控制柜的所有电源。

2)由于控制柜或连接到控制柜的其他单元内部很多元件都对静电很敏感,如果受静电影响,有可能损坏。在操作时,一定要带上一个接地的静电防护装置,如特殊的静电手套

等。有的模块或元件装了静电保护扣，请使用它来连接保护手套。

表 3-1-8　保养计划表

| 保养内容 | 设　备 | 周　期 | 说　明 |
|---|---|---|---|
| 检查 | 控制柜 | 6 个月 | |
| 清洁 | 控制柜 | | |
| 清洁 | 空气过滤器 | | |
| 更换 | 空气过滤器 | 4000h/24 个月 | |
| 更换 | 电池 | 12000h/36 个月 | |
| 更换 | 风扇 | 60 个月 | |

3）检查柜子，确定里面无杂质，如果发现杂质，清除并检查柜子的衬垫和密封层。

4）检查柜子的密封结合处及电缆密封管的密封性，确保灰尘和杂质不会从这些地方吸入柜子里面。

5）检查插头及电缆连接的地方是否松动，电缆是否损坏。

6）检查空气过滤器是否干净。

7）检查风扇是否正常工作。

**2. 清洁控制柜**

清洁控制柜的方法及步骤如下：

1）用真空吸尘器清洁柜子内部。

2）如果柜子里面有热交换装置，需保持其清洁，这些装置通常在供电电源后面，计算机模块后面和驱动单元。如果有需要，可以先移开这些热交换装置，然后再清洁柜子。

【操作提示】

1）尽量使用上面介绍的工具，否则容易造成一些额外的问题。

2）清洁前检查保护盖或者其他保护层是否完好。

3）在清洗前，千万不要移开任何盖子或保护装置。

4）千万不要使用指定以外的清洁用品，如压缩空气及溶剂等。

5）千万不要用高压的清洁器喷射。

**3. 清洁空气过滤器**

如图 3-1-2 所示是空气过滤器在控制柜里所在的位置。清洁空气过滤器的方法及步骤如下：

1）断开控制柜的所有电源。

2）由于控制柜或连接到控制柜的其他单元内部很多元件都对静电很敏感，如果受静电影响，有可能损坏，在操作时，一定要带上一个接地的静电防护装置，如特殊的静电手套等。有的模块或元件装了静电保护扣，请使用它来连接保护手套。

3）清洗比较粗糙的一面（干净空气那面），再翻转。

4）清洗 3~4 次。

5）晾干过滤网。晾干过滤网的方法有两种：一是将过滤网平放在一个平的表面晾干；二是从面对干净空气那面用压缩空气吹干。

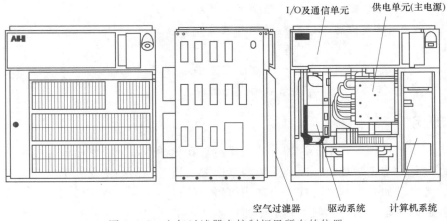

图 3-1-2　空气过滤器在控制柜里所在的位置

## 检查测评

对任务实施的完成情况进行检查，并将结果填入表 3-1-9。

表 3-1-9　任务测评表

| 序号 | 主要内容 | 考核要求 | 评分标准 | 配分 | 扣分 | 得分 |
|---|---|---|---|---|---|---|
| 1 | 清洗机器人控制柜 | 1. 会打开机器人控制柜并进行检查其清洁程度<br>2. 能熟练地清洗控制柜中各部件并正确安装 | 1. 打开控制柜的方法不正确，扣10分<br>2. 不会检查控制的清洁程度，扣10分<br>3. 不能正确拆卸控制柜内各部件，并进行检查，每个扣10分<br>4. 不会清洗控制柜各部件，每个扣10分<br>5. 清洗控制柜后不能正确安装个部件，每个扣10分 | 90 | | |
| 2 | 安全文明生产 | 劳动保护用品穿戴整齐，遵守操作规程，讲文明礼貌，操作结束要清理现场 | 1. 操作中，违反安全文明生产考核要求的任何一项扣5分，扣完为止<br>2. 当发现学生有重大事故隐患时，要立即予以制止，并每次扣安全文明生产总分5分 | 10 | | |
| 合计 | | | | | | |
| 开始时间： | | | 结束时间： | | | |

## 任务二　工业机器人本体的保养与维护

## 学习目标

知识目标：1. 掌握了解机器人的系统结构。

2. 熟悉机器人主机、控制柜主要部件的工作过程及管理。

3. 掌握机器人日常检查保养维护的项目。

知识目标：1. 会机器人的日常管理。

2. 能够对机器人进行定期保养维护。

3. 能够对机器人简单故障进行维修。

## 工作任务

机器人在使用过程中，由于机器人的物质运动和化学作用，必然会产生技术状况的不断变化和难以避免的不正常现象，以及人为因素造成的损耗，例如松动、干摩擦、腐蚀等，这是机器人的隐患，如果不及时处理，会造成机器人的过早磨损，甚至形成严重事故。

本任务的内容是：通过学习，熟悉机器人本体各部分的维护和保养。

## 相关知识

### 一、工业机器人的维护周期

为确保机器人正常的工作，必须对其进行维护和保养，表3-2-1列出了如何对机器人各部分进行维护及各自的维护周期。

表 3-2-1  机器人各部分的维护及各自的维护周期

| 维护类型 | 设　备 | 周期 | 注意 | 关键词 |
| --- | --- | --- | --- | --- |
| 检查 | 轴1的齿轮,油位 | 12个月 | 环境温度<50℃ | 检查,油位,变速箱1 |
| 检查 | 轴2的齿轮,油位 | 12个月 | 环境温度<50℃ | 检查,油位,变速箱2 |
| 检查 | 轴3的齿轮,油位 | 12个月 | 环境温度<50℃ | 检查,油位,变速箱3 |
| 检查 | 轴4的齿轮,油位 | 12个月 | 环境温度<50℃ | 检查,油位,变速箱4 |
| 检查 | 轴5的齿轮,油位 | 12个月 | 环境温度<50℃ | 检查,油位,变速箱5 |
| 检查 | 轴6的齿轮,油位 | 12个月 | 环境温度<50℃ | 检查,油位,变速箱6 |
| 检查 | 平衡设备 | 12个月 | 环境温度<50℃ | 检查,平衡设备 |
| 检查 | 机械手电缆 | 12个月 | | 检查,动力电缆 |
| 检查 | 轴2~5的节气阀 | 12个月 | | 检查,轴2~5的节气阀 |
| 检查 | 轴1的机械制动 | 12个月 | | 检查,轴1的机械制动 |
| 更换 | 轴1的齿轮油 | 48个月 | 环境温度<50℃ | 更换,变速箱1 |
| 更换 | 轴2的齿轮油 | 48个月 | 环境温度<50℃ | 更换,变速箱2 |
| 更换 | 轴3的齿轮油 | 48个月 | 环境温度<50℃ | 更换,变速箱3 |
| 更换 | 轴4的齿轮油 | 48个月 | 环境温度<50℃ | 更换,变速箱4 |
| 更换 | 轴5的齿轮油 | 48个月 | 环境温度<50℃ | 更换,变速箱5 |
| 更换 | 轴6的齿轮油 | 48个月 | 环境温度<50℃ | 更换,变速箱6 |
| 更换 | 轴1的齿轮 | 96个月 | | |
| 更换 | 轴2的齿轮 | 96个月 | | |
| 更换 | 轴3的齿轮 | 96个月 | | |
| 更换 | 轴4的齿轮 | 96个月 | | |
| 更换 | 轴5的齿轮 | 96个月 | | |
| 更换 | 机械手动力电缆 | | | 检测到破损或使用寿命到的时候更换 |
| 更换 | SMB电池 | 36个月 | | |
| 润滑 | 平衡设备轴承 | 48个月 | | |

**说明**

如果机器人工作的环境高于 50℃，则需要保养更频繁一点。轴 4 和轴 5 的变速箱的维护周期不是由 SIS（Service Information System）计算出来的。

## 二、机器人各部件的预期寿命

以 ABB IRB 6600 机器人为例，由于工作强度的不同，预期寿命也会有很大的不同。

### 1. 机器人动力电缆

机器人动力电缆的寿命约为 2000000 个循环。1 个循环表示每个轴从标准位置到最小角度再到最大角度，然后回到标准位置。如果离开这个循环，则寿命会不一样。

### 2. 限位开关及风扇电缆

限位开关及风扇电缆的寿命约为 2000000 个循环。1 个循环所表示的意义同上。

### 3. 平衡设备

平衡设备的寿命约 2000000 个循环。而这里的 1 个循环表示从初始位置到最大位置，然后回来。如果离开这个循环，则寿命会不一样。

### 4. 变速箱

变速箱的寿命为 40000h。正常条件下点焊，机器人定义年限为 8 年（350000 个循环每年）。基于实际工作的不同，每个变速箱的寿命会和标准定义存在差异。SIS 系统会保存各个变速箱的运行轨迹，如果需要维护的时候，会通知用户。

## 三、变速箱油位的检测

### 1. 轴 1 变速箱油位的检测

轴 1 的变速箱位于骨架和基座之间，如图 3-2-1 所示。轴 1 变速箱油位的检测方法及步骤如下：

1）打开油塞，检查油位。

2）最低油位：离加油孔不超过 10mm。

3）如有必要，则加油。

4）装上油塞（上紧油塞力矩：24N·m）。

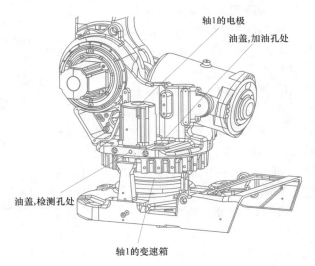

图 3-2-1 轴 1 的变速箱位置

### 2. 轴 2 变速箱油位的检测

在轴 2 的电动机和变速箱之间有一个电动机附加装置，以两种方式存在，早期的电动机附加装置是直接附在变速箱上的；后来的设计中，这个电动机附加装置被附到框架上，另外还设计有一个盖子与电动机附加装置配合。轴 2 的变速箱位于低手臂的旋转中心，在电动机附加装置的下面，如图 3-2-2所示是后期设计的电动机附加装置的位置图。轴 2 变速箱油位的检测方法及步骤如下：

1）打开加油孔的油塞。

2）从加油孔处测量油位，根据电动机附加装置来判断，早期设计的必要油位：大约 65mm±5mm；后期的设计，离加油孔不超过 10mm。

3）如有必要，则加油。

4）盖好油塞（上紧油塞扭矩：24N·m）。

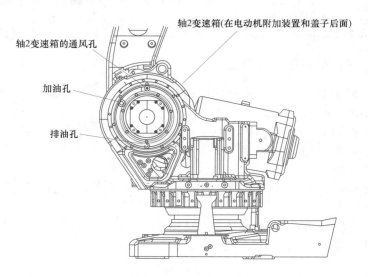

图 3-2-2  电动机附加装置的位置图

**3. 轴 3 变速箱油位的检测**

轴 3 的变速箱位于上臂的旋转中心，如图 3-2-3 所示。轴 3 变速箱油位的检测方法及步骤如下：

1）将机械手运行到标准位置。

2）打开加油孔的油塞。

3）从加油孔处测量油位，根据电动机附加装置来判断，早期设计的必要油位：大约 65mm±5mm；后期的设计，离加油孔不超过 10mm。

4）如有必要，则加油。

5）盖好油塞（上紧油塞力矩：24N·m）。

**4. 轴 4 变速箱油位的检测**

轴 4 的变速箱位于上臂的最后方，如图 3-2-4 所示。轴 4 变速箱油位的检测方法及步骤如下：

1）将机械手运行到标准位置。

2）打开加油孔的油塞。

3）最低油位离加油孔不超过 10mm。

4）如缺油，则加油。

5）盖好油塞（上紧油塞力矩：24N·m）。

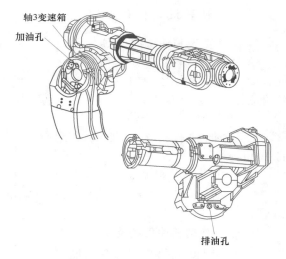

图 3-2-3  轴 3 的变速箱位置

**5. 轴 5 变速箱油位的检测**

轴 5 的变速箱位于腕节单元，如图 3-2-5 所示。轴 5 变速箱油位的检测方法及步骤如下：

1）转动腕节单元，使所有的油塞向上。

2）打开加油孔的油塞。

3）测量油位，最低油位离加油孔不超过 30mm。

4）如缺油，则加油。

5）盖好油塞（上紧油塞力矩：24N·m）。

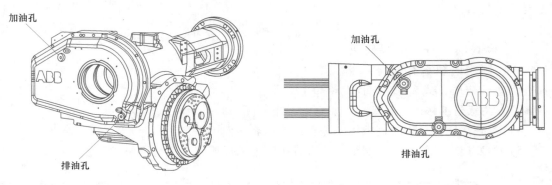

图 3-2-4　轴 4 的变速箱位置　　　　　　　图 3-2-5　轴 5 的变速箱位置

**6. 轴 6 变速箱油位的检测**

轴 6 的变速箱位于腕节单元的中心，如图 3-2-6 所示。轴 6 变速箱油位的检测方法及步骤如下：

1）确定进油孔油塞向上。

2）打开加油孔的油塞。

3）测量油位，正确油位离加油孔 55mm±5mm。

4）如缺油，则加油。

5）盖好油塞（上紧油塞力矩：24N·m）。

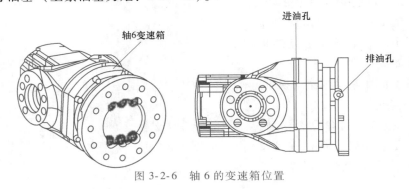

图 3-2-6　轴 6 的变速箱位置

## 四、平衡装置的检查

平衡装置在机械手的上后方，如图 3-2-7 所示。如果发现损坏，则应根据平衡装置的型号采取不同的措施。3HAC 14678-1 和 3HAC 16189-1 需要维修，而 3HAC 12604-1 则需要升级。

检查平衡装置的方法及步骤如下：

1）检查轴承、齿轮和轴是否协调，确定安全螺栓在正确位置并没有损坏（M16×180，力矩：50N·m）。

2）检查汽缸是否协调，如果里面的弹簧发出异响，则需要更换平衡装置。注意是维修还是升级。

3）检查活塞杆，如果听见啸叫声，则表明轴承有问题，或者里面进了杂质，或者轴承润滑不够了。注意是维修还是升级。

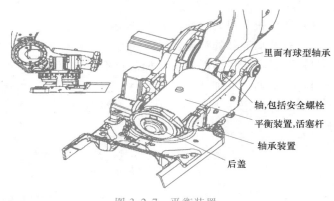

图 3-2-7　平衡装置

4）检查活塞杆是否有刮擦声，是否用旧或者表面不平坦。

5）如发现以上问题，按照维修或者升级包上的说明书来进行维修或升级。

> **注意**
>
> 在进行机器人平衡装置的检查时应注意以下几点：
> （1）在机器人运行后，电动机和齿轮温度都很高，注意烫伤。
> （2）关掉所有电源、液压源及气压源。
> （3）当移动一个部位时，做一些必要的措施确保机械手不会倒下来，如：当拆除轴2的电动机时，要固定低处的手臂。
> （4）要在指定的环境下处理平衡装置。

## 五、检查动力电缆的保护壳

### 1. 机器人轴 1~4 的电缆保护壳的检查

机器人的轴 1~4 的动力电缆分布如图 3-2-8 所示。其电缆保护壳的检查方法及步骤如下：

1）做一个全面目测，看是否有损坏。

2）检查电缆连接插头。

3）检查电缆夹，衬盘是否松动，另外检查电缆是否用带子捆住并且没有损坏。如在下臂进口处发现少许磨损，属正常现象。

4）如有损坏，应更换。

### 2. 机器人轴 5~6 的电缆保护壳的检查

机器人的轴 5~6 的电缆保护壳位

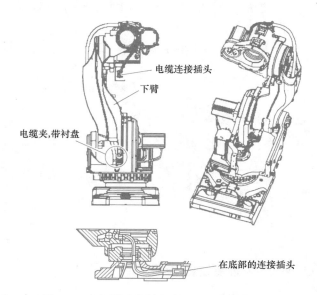

图 3-2-8　机器人的轴 1~4 的动力电缆分布

置如图 3-2-9 所示，其检查方法及步骤如下：

1）做一个全面目测，看是否有损坏。

2）检查电缆夹和电缆插头，确定电缆夹没有被压弯。

3）如有损坏，应更换。

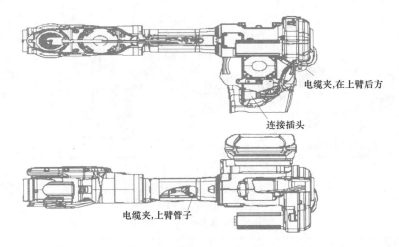

图 3-2-9　机器人的轴 5~6 的电缆保护壳位置

## 六、检查信息标识

机器人信息标识的位置如图 3-2-10 所示，各部位的信息标识名称见表 3-2-2。

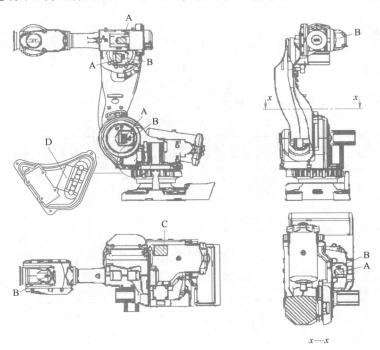

图 3-2-10　机器人信息标识的位置

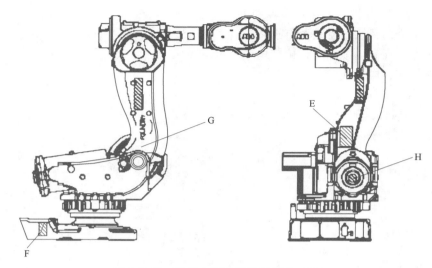

图 3-2-10  机器人信息标识的位置（续）

表 3-2-2  机器人信息标识名称

| 序号 | 名　　称 | 序号 | 名　　称 |
|---|---|---|---|
| A | 警示标识"高温",3HAC4431-1 | E | "吊装机器人"的标识,3HAC16420-1 |
| B | 闪烁指示灯,3HAC1589-1 | F | 警示标识"机器人可能前倾",3HAC9191-1 |
| C | "安全说明"牌,3HAC4591-1 | G | 铸造号 |
| D | 警示标识"刹车松开",3HAC15334-1 | H | 警示标识,"蓄能"标识,3HAC9526-1 |

 **任务实施**

### 一、任务准备

实施本任务教学所使用的实训设备及工具材料可参考表 3-2-3。

表 3-2-3  实训设备及工具材料

| 序号 | 分类 | 名称 | 型号规格 | 数量 | 单位 | 备注 |
|---|---|---|---|---|---|---|
| 1 | | 活扳手 | 8~9mm | 1 | 把 | |
| 2 | | 外六角套筒 | 20~60mm | 1 | 套 | |
| 3 | | 套筒扳手组 | | 1 | 套 | |
| 4 | 工具 | 扭力扳手 | 10~100N·m | 1 | 把 | |
| 5 | | 扭力扳手 | 75~400N·m | 1 | 把 | |
| 6 | | 扭力扳手 | 1/2的棘轮头 | 1 | 把 | |
| 7 | | 双鼓铆钉钳 | | 1 | 把 | |
| 8 | 设备器材 | 内六角螺钉 | 5~17mm | 若干 | 颗 | |
| 9 | | 外六角螺钉 | M10×100 | 若干 | 颗 | |
| 10 | | 外六角螺钉 | M16×90 | 若干 | 颗 | |

## 二、工业机器人检修时安全注意事项

1）机器人运行后，电动机和齿轮温度都很高，检修时注意烫伤。

2）当移动一个部位时，做一些必要的措施确保机械手不会倒下来，如：当拆除轴2的电动机时，要固定低处的手臂。

## 三、检修工业机器人轴的机械停止

### 1. 检修轴1的机械停止

轴1的机械停止在底座处，如图3-2-11所示。

检修轴1的机械停止的方法和步骤如下：

1）关掉所有的电源、液压源及气压源。

2）按照图3-2-11的位置图检查轴1的机械停止。

3）确定机械停止可以向任何方向翕动。

4）如定位销弯曲或损坏，需更换。

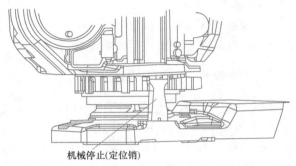

机械停止(定位销)

图3-2-11　轴1的机械停止（定位销）位置

### 2. 检修轴1~3的机械停止

轴1~3的一些机械停止的位置图如图3-2-12所示。

检修轴1~3的一些机械停止的方法和步骤如下：

1）关掉所有的电源、液压源及气压源。

2）按照图3-2-12的位置图检查轴1~3的机械停止是否损坏。

3）确定这些停止装置安装正确。

4）如有损坏，必须更换，使用螺栓（带润滑油Molycote1000），轴1用M16×35；轴2用M16×50；轴3用M16×60。

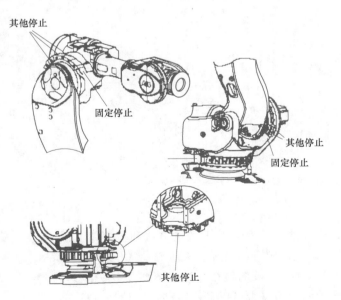

其他停止

固定停止

其他停止

固定停止

其他停止

图3-2-12　轴1~3的一些机械停止的位置图

### 四、检测轴2~5的抑制装置（刹车片）

如图 3-2-13 所示为轴 2~5 所用抑制装置的位置图。

检修轴 2 ~ 5 的抑制装置（刹车片）的方法和步骤如下：

1）关掉所有的电源、液压源及气压源。

2）按照图 3-2-13 的位置图检查所有的刹车片是否损坏，是否有裂纹，是否有超过 1mm 的压痕。检修轴 4 时，应先移开上臂顶部的两个盖子。

3）检查锁紧螺栓是否变形。

4）如有损坏，应更换新的刹车片。

### 五、检查轴1~3的限位开关

轴 1 的限位开关的位置如图 3-2-14 所示，轴 2 的限位开关位置如图 3-2-15 所示，轴 3 的限位开关位置如图 3-2-16 所示。

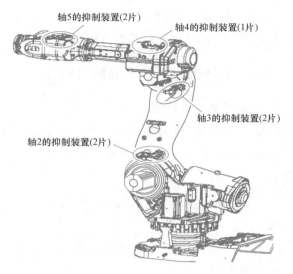

图 3-2-13　轴 2~5 所用抑制装置（刹车片）的位置图

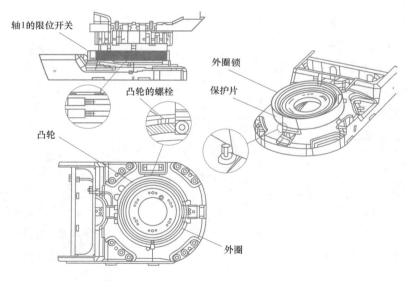

图 3-2-14　轴 1~3 的限位开关的位置图

检修轴 1~3 的限位开关的方法和步骤如下：

1）关掉所有的电源、液压源及气压源。

2）限位开关的检查。按照图 3-2-14、图 3-2-15、图 3-2-16 的位置图检查轴 1~3 的限位开关的滚筒是否可以轻松转动，转动是否自如。

3）检查外圈。检查外圈是否牢固地螺栓锁紧。

4）检查凸轮。

① 检查滚筒是否在凸轮上留下压痕；

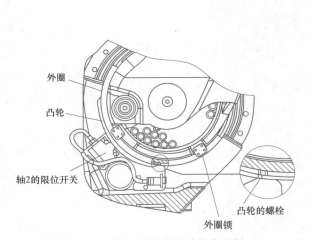

图 3-2-15　轴 2 的限位开关的位置图

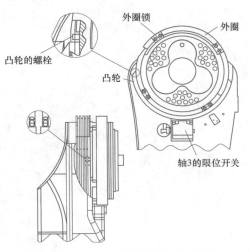

图 3-2-16　轴 3 的限位开关的位置图

② 检查凸轮是否清洁，如果有杂质，应擦去。

③ 检查凸轮的定位螺栓是否松动或移动。

5）检查轴 1 的保护片。

① 检查是否三片都没有松动，并且没有损坏、变形。

② 检查保护片里面的区域内是否足够清洁，以免影响限位开关的功能。

6）如果发现任何损坏，应立即更换限位开关。

## 六、检查 UL 信号灯

UL 信号灯的位置图如图 3-2-17 所示。由于轴 4~6 的安装位置不一样，也许 UL 灯会有几种不同的位置，具体位置参照安装图。由于电动机的盖子有两种（平的和拱的），所以 UL 灯也有两种类型。

检修 UL 信号灯的方法和步骤如下：

1）关掉所有的电源、液压源及气压源。

2）检查当电动机运行（Motors On）时，灯是否亮着。

3）如果灯没有亮，则：

① 检查灯是否坏了，如果是，则更换。

② 检查电缆和灯的插头。

③ 测量轴 3 电机控制电压是否有 24V。

④ 检查电缆，如果损坏，则更换。

## 七、更换变速箱齿轮油

### 1. 更换轴 1 变速箱的齿轮油

轴 1 的变速箱位于骨架和基座之间，如图 3-2-1 所示。更换轴 1 变速箱齿轮油的方法及

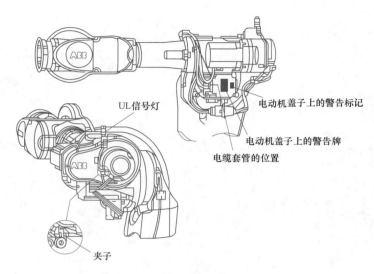

图 3-2-17　UL 信号灯的位置图

步骤如下：

1）松开螺栓，移开基座上的后盖。

2）将基座后的排油管拉出来。排油管在基座下方，位置如图 3-2-18 所示。

3）将油罐放到排油罐末端，接油。

4）打开进油孔处油塞，这样排油会更快。

5）打开油管末端，将油排出。排油时间取决于油温。

6）关上油管，将其放回原处。

7）盖上后盖，并拧紧螺栓。

8）打开进油孔。再向里面加油，根据前面定义的正确油位和排出的油来确定加多少油。

9）盖上进油孔的油塞。

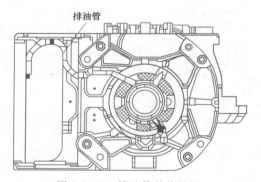

图 3-2-18　排油管的位置图

【操作提示】

1）检修前关掉所有的电源、液压源及气压源。

2）在机器人运行后，电动机和齿轮温度都很高，加油时注意烫伤。

3）当移动一个部位时，做一些必要的措施确保机械手不会倒下来，如：当拆除轴 2 的电动机时，要固定低处的手臂。

4）换油之前，先让机器人运行一会儿，热的油更容易排出来。

5）当加油的时候，不要混合任何其他的油，除非特别说明。

6）当给变速箱加油时，不要加得过多，因为这样会导致压力过高，会损坏密封圈或者垫圈；或将密封圈或垫圈完全压紧，影响机器人的自由移动。

7）因为变速箱的油温非常高，在 90℃ 左右，所以在更换或者排放齿轮油的时候必须戴上防护眼镜和手套。

8）注意变速箱由于温度过高，导致里面压力增加，在打开油塞的时候，里面的油可能会喷射出来。

**2. 更换轴 2 变速箱的齿轮油**

轴 2 的变速箱位于下臂的旋转中心，在电动机附加装置下面，如图 3-2-2 所示。更换轴 2 变速箱齿轮油的方法及步骤如下：

1）移掉通风孔的盖子。

2）打开排油孔油塞，用带头的软管将油排出并用桶接住，排油的时间取决于油温。

3）拧紧油塞。

4）打开加油孔油塞。

5）再倒入新的润滑油，油位见前面指定的正确油位。

6）盖上进油孔的油塞及通风孔盖子。

**3. 更换轴 3 变速箱的齿轮油**

轴 3 的变速箱的位置如图 3-2-3 所示。更换轴 3 变速箱齿轮油的方法及步骤如下：

1）打开排油孔油塞，用带头的软管将油排入油桶中，为了排油快，可以打开进油孔的油塞，排油的时间取决于油温。

2）将油塞装好。

3）打开进油孔油塞。

4）再倒入新的润滑油，油位见前面指定的正确油位。

5）盖好油塞。

**4. 更换轴 4 变速箱的齿轮油**

轴 4 的变速箱的位置如图 3-2-4 所示。更换轴 4 变速箱齿轮油的方法及步骤如下：

1）将上臂从标准位置运行到-45℃。

2）打开排油孔、进油孔的油塞。

3）将变速箱的油排出。

4）将上臂运行回原位置。

5）将排油孔的油塞装好。

6）重新通过进油孔倒入新油，油位见前面指定的正确油位。

7）装好进油孔油塞。

**5. 更换轴 5 变速箱的齿轮油**

轴 5 的变速箱的位置如图 3-2-5 所示。更换轴 5 变速箱齿轮油的方法及步骤如下：

1）运行轴 4 到一个合适的位置，使排油孔向下。

2）打开排油孔、进油孔的油塞。

3）将变速箱的油排出。

4）将排油孔的油塞装好。

5）运行轴 4 至标准位置。

6）重新通过进油孔倒入新油，油位见前面指定的正确油位。

7）装好进油孔油塞。

**6. 更换轴 6 变速箱的齿轮油**

轴 6 的变速箱位于腕节单元的中心，如图 3-2-6 所示。不同型号的机器人变速箱有不同的设计，所以里面的油量也不一样。更换轴6变速箱齿轮油的方法及步骤如下：

1）运行机器人，使轴6的排油孔向下，油孔位置如图3-2-6所示。

2）打开排油塞，将油排出。

3）将排油孔的油塞装好。

4）重新通过进油孔倒入新油，油位见前面指定的正确油位。

5）将进油孔油塞装回原位。

 检查测评

对任务实施的完成情况进行检查，并将结果填入表3-2-4。

表 3-2-4　任务测评表

| 序号 | 主要内容 | 考核要求 | 评分标准 | 配分 | 扣分 | 得分 |
|---|---|---|---|---|---|---|
| 1 | 工业机器人的日常检查 | 会正确检查机器人本体的各部件 | 不能正确检查机器人各部件，扣20分 | 20 | | |
| 2 | 工业机器人的检修 | 1. 会进行工业机器人轴的机械停止检修<br>2. 会进行工业机器人轴的限位开关的检修<br>3. 会进行 UL 信号灯的检修<br>4. 会进行变速箱齿轮油的更换 | 1. 不会进行工业机器人轴的机械停止检修，扣10分<br>2. 不会进行工业机器人轴的限位开关的检修<br>3. 不会进行 UL 信号灯的检修<br>4. 不会进行变速箱齿轮油的更换，扣20分 | 70 | | |
| 3 | 安全文明生产 | 劳动保护用品穿戴整齐，遵守操作规程，讲文明礼貌，操作结束要清理现场 | 1. 操作中，违反安全文明生产考核要求的任何一项扣5分，扣完为止<br>2. 当发现学生有重大事故隐患时，要立即予以制止，并每次扣安全文明生产总分5分 | 10 | | |
| 合　计 | | | | | | |
| 开始时间： | | | 结束时间： | | | |

# 附　录

# ABB机器人实际应用中的指令说明

　　ABB 机器人提供了丰富的 RAPID 程序指令，方便了大家对程序的编制，同时也为复杂应用的实现提供了可能性。以下就按照 RAPID 程序指令、功能进行一个分类，并对每个指令的功能作一个说明，如需对指令的使用与参数进行详细的了解，可以查看 ABB 机器人随机光盘说明书中的详细说明。

## 一、程序执行的控制

### 1. 程序的调用（见表 A-1）

表 A-1　程序的调用

| 指　　令 | 说　　明 |
|---|---|
| ProCall | 调用例行程序 |
| CallByVar | 通过带变量的例行程序名称调用例行程序 |
| RETURN | 返回原例行程序 |

### 2. 例行程序内的逻辑控制（见表 A-2）

表 A-2　例行程序内的逻辑控制

| 指　　令 | 说　　明 |
|---|---|
| Compact IF | 如果条件满足，就执行一条指令 |
| IF | 当满足不同的条件时，执行对应的程序 |
| FOR | 根据指定的次数，重复执行对应的程序 |
| WHILE | 如果条件满足，重复执行对应的程序 |
| TEST | 对一个变量进行判断，从而执行不同的程序 |
| GOTO | 跳转到例行程序内标签的位置 |
| Label | 跳转标签 |

### 3. 停止程序执行（见表 A-3）

表 A-3　停止程序执行

| 指　　令 | 说　　明 |
|---|---|
| Stop | 停止程序执行 |
| EXIT | 停止程序执行并禁止在停止处再开始 |
| Break | 临时停止程序的执行，用于手动调试 |
| ExitCycle | 中止当前程序的运行并将程序指针 PP 复位到主程序的第一条指令，如果选择了程序连续运行模式，程序将从主程序的第一句重新执行 |

## 二、变量指令

变量指令主要用于以下的方面：

1）对数据进行赋值。

2）等待指令。

3）注释指令。

4）程序模块控制指令。

### 1. 赋值指令（见表A-4）

表A-4　赋值指令

| 指　　令 | 说　　明 |
| --- | --- |
| : = | 对程序数据进行赋值 |

### 2. 等待指令（见表A-5）

表A-5　等待指令

| 指　　令 | 说　　明 |
| --- | --- |
| WaitTime | 等待一个指定的时间程序再往下执行 |
| WaitUntil | 等待一个条件满足后程序继续往下执行 |
| WaitDI | 等待一个输入信号状态为设定值 |
| WaitDO | 等待一个输出信号状态为设定值 |

### 3. 程序注释（见表A-6）

表A-6　程序注释

| 指　　令 | 说　　明 |
| --- | --- |
| comment | 对程序进行注释 |

### 4. 程序模块加载（见表A-7）

表A-7　程序模块加载

| 指　　令 | 说　　明 |
| --- | --- |
| Load | 从机器人硬盘加载一个程序模块到运行内存 |
| UnLoad | 从运行内存中卸载一个程序模块 |
| Start Load | 在程序执行的过程中，加载一个程序模块到运行内存中 |
| Wait Load | 当 Start Load 使用后，使用此指令将程序模块连接到任务中 |
| CancelLoad | 取消加载程序模块 |
| CheckProgRef | 检查程序引用 |
| Save | 保存程序模块 |
| EraseModule | 从运行内存删除程序模块 |

### 5. 变量功能（见表 A-8）

表 A-8　变量功能

| 指　　令 | 说　明 |
|---|---|
| TryInt | 判断数据是否是有效的整数 |
| OpMode | 读取当前机器人的操作模式 |
| RunMode | 读取当前机器人程序的运行模式 |
| NonMotionMode | 读取程序任务当前是否无运动的执行模式 |
| Dim | 获取一个数组的维数 |
| Present | 读取带参数例行程序的可选参数值 |
| IsPers | 判断一个参数是不是可变量 |
| IsVar | 判断一个参数是不是变量 |

### 6. 转换功能（见表 A-9）

表 A-9　转换功能

| 指　　令 | 说　明 |
|---|---|
| StrToByte | 将字符串转换为指定格式的字节数据 |
| ByteTostr | 将字节数据转换成字符串 |

## 三、运动设定

### 1. 速度设定（见表 A-10）

表 A-10　速度设定

| 指　　令 | 说　明 |
|---|---|
| MaxRobspeed | 获取当前型号机器人可实现的最大 TCP 速度 |
| VelSet | 设定最大的速度与倍率 |
| SpeedRefresh | 更新当前运动的速度倍率 |
| AccSet | 定义机器人的加速度 |
| WorldAccLim | 设定大地坐标中工具与载荷的加速度 |
| PathAccLim | 设定运动路径中 TCP 的加速度 |

### 2. 轴配置管理（见表 A-11）

表 A-11　轴配置管理

| 指　　令 | 说　明 |
|---|---|
| ConfJ | 关节运动的轴配置控制 |
| ConfL | 线性运动的轴配置控制 |

### 3. 奇异点管理（见表 A-12）

表 A-12　奇异点管理

| 指　　令 | 说　明 |
|---|---|
| SingArea | 设定机器人运动时,在奇异点的插补方式 |

### 4. 位置偏置功能（见表 A-13）

表 A-13　位置偏置功能

| 指　　令 | 说　　明 |
|---|---|
| PDispOn | 激活位置偏置 |
| PDispSet | 激活指定数值的位置偏置 |
| PDispOff | 关闭位置偏置 |
| EOffsOn | 激活外轴偏置 |
| EOffsSet | 激活指定数值的外轴偏置 |
| EOffsOff | 关闭外轴位置偏置 |
| DefDFrame | 通过 3 个位置数据计算出位置的偏置 |
| DefFrame | 通过 6 个位置数据计算出位置的偏置 |
| ORobT | 从一个位置数据删除位置偏置 |
| DefAccFrame | 从原始位代和替换位代定义一个框架 |

### 5. 软伺服功能（见表 A-14）

表 A-14　软伺服功能

| 指　　令 | 说　　明 |
|---|---|
| SoftAct | 激活一个或多个轴的软伺服功能 |
| SoftDeact | 关闭软伺服功能 |

### 6. 机器人参数调整功能（见表 A-15）

表 A-15　机器人参数调整功能

| 指　　令 | 说　　明 |
|---|---|
| TuneServo | 伺服调整 |
| TuneReset | 伺服调整复位 |
| PathResol | 几何路径精度调整 |
| CirPathMode | 在圆弧插补运动时，工具姿态的变换方式 |

### 7. 空间监控管理（见表 A-16）

表 A-16　空间监控管理

| 指　　令 | 说　　明 |
|---|---|
| WZBoxDef | 定义一个方形的监控空间 |
| WZCylDef | 定义一个圆柱形的监控空间 |
| WZSphDef | 定义一个球形的监控空间 |
| WZHomejointDef | 定义一个关节轴坐标的监控空间 |
| WZLimjointDef | 定义一个限定为不可进入的关节轴坐标监控空间 |
| WZLimsup | 激活一个监控空间并限定为不可进入 |
| WZDOSet | 激活一个监控空间并与一个输出信号并联 |
| WZEnable | 激活一个临时的监控空间 |
| WZFree | 关闭一个临时的监控空间 |

注：这些功能需要选项"world zones"配合。

## 四、运动控制

### 1. 机器人运动控制（见表 A-17）

表 A-17 机器人运行控制

| 指　　令 | 说　　明 |
| --- | --- |
| MoveC | TCP 圆弧运动 |
| MoveJ | 关节运动 |
| MoveL | TCP 线性运动 |
| MoveAbsJ | 轴绝对角度位置运动 |
| MoveExtJ | 外部直线轴和旋转轴运动 |
| MoveCDO | TCP 圆弧运动的同时触发一个输出信号 |
| MoveJDO | 关节运动的同时触发一个输出信号 |
| MoveLDO | TCP 线性运动的同时触发一个输出信号 |
| MoveCSync | TCP 圆弧运动的同时执行一个例行程序 |
| MoveJSync | 关节运动的同时执行一个例行程序 |
| MoveLSync | TCP 线性运动的同时执行一个例行程序 |

### 2. 搜索功能（见表 A-18）

表 A-18 搜索功能

| 指　　令 | 说　　明 |
| --- | --- |
| SearchC | TCP 圆弧搜索运动 |
| SCarchL | TCP 线性搜索运动 |
| SearchExtJ | 外轴搜索运动 |

### 3. 指定位置触发信号与中断功能（见表 A-19）

表 A-19 指定位置触发信号与中断功能

| 指　　令 | 说　　明 |
| --- | --- |
| TriggIO | 定义触发条件在一个指定的位置触发输出信号 |
| TriggInt | 定义触发条件在一个指定的位置触发中断程序 |
| TriggCheckIO | 定义一个指定的位仪进行 I/O 状态的检查 |
| TriggEquip | 定义触发条件在一个指定的位置触发输出信号，并对信号响应的延迟进行补偿设定 |
| TriggRampAO | 定义触发条件在一个指定的位置触发模拟输出信号，并对信号响应的延迟进行补偿设定 |
| TriggC | 带触发事件的圆弧运动 |
| TriggJ | 带触发事件的关节运动 |
| TriggL | 带触发事件的线性运动 |
| TriggLIOs | 在一个指定的位置触发输出信号的线性运动 |
| StepBwdPath | 在 RESTART 的事件程序中进行路径的返回 |
| TriggStopProc | 在系统中创建一个监控处理，用于在 STOP 和 QSTOP 中需要信号复位和程序数据复位的操作 |
| TriggSpeed | 定义模拟输出信号与实际 TCP 速度之间的配合 |

### 4. 出错或中断时的运动控制（见表 A-20）

表 A-20　出错或中断时的运动控制

| 指　令 | 说　明 |
|---|---|
| StopMove | 停止机器人运动 |
| StartMove | 重新启动机器人运动 |
| StartMoveRetry | 重新启动机器人运动及相关的参数设定 |
| StopMoveReset | 对停止运动状态复位，但不重新启动机器人运动 |
| StorePath[①] | 存储已生成的最近路径 |
| RestoPath[①] | 重新生成之前存储的路径 |
| ClearPath | 在当前的运动路径级别中，清空整个运动路径 |
| PathLevel | 获取当前路径级别 |
| SyncMoveSuspend[①] | 在 StorePath 的路径级别中暂停同步坐标的运动 |
| SyncMoveResume[①] | 在 StorePath 的路径级别中重返同步坐标的运动 |
| IsStopMoveAct | 获取当前停止运动标志符 |

① 这些功能需要选项"Path recovery"配合。

### 5. 外轴控制（见表 A-21）

表 A-21　外轴控制

| 指　令 | 说　明 |
|---|---|
| DeactUnit | 关闭一个外轴单元 |
| ActUnit | 激活一个外轴单元 |
| MechUnitLoad | 定义外轴单元的有效载荷 |
| GetNextMechUnit | 检索外轴单元在机器人系统中的名字 |
| IsMechUnitActive | 检查外轴单元状态是激活/关闭 |

### 6. 独立轴控制（见表 A-22）

表 A-22　独立轴控制

| 指　令 | 说　明 |
|---|---|
| IndAMove | 将一个轴设定为独立轴模式并进行绝对位置方式运动 |
| IndCMove | 将一个轴设定为独立轴模式并进行连续方式运动 |
| IndDMove | 将一个轴设定为独立轴模式并进行角度方式运动 |
| IndRMove | 将一个轴设定为独立轴模式并进行相对位置方式运动 |
| IndReset | 取消独立轴模式 |
| IndInpos | 检查独立轴是否已达到指定位置 |
| Indspeed | 检查独立轴是否已达到指定的速度 |

注：这些功能需要选项"Independent movement"配合。

### 7. 路径修正功能（见表 A-23）

表 A-23　路径修正功能

| 指　　令 | 说　　明 |
| --- | --- |
| CorrCon | 连接一个路径修正生成器 |
| CorrWrite | 将路径坐标系统中修正值写到修正生成器 |
| CorrDiscon | 断开一个已连接的路径修正生成器 |
| CorrClear | 取消所有已连接的路径修正生成器 |
| CorfRead | 读取所有已连接的路径修正生成器的总修正值 |

注：这些功能需要选项 "Path offset or RobotWara-Arc sensor" 配合。

### 8. 路径记录功能（见表 A-24）

表 A-24　路径记录功能

| 指　　令 | 说　　明 |
| --- | --- |
| PathRecStart | 开始记录机器人的路径 |
| PathRecStop | 停止记录机器人的路径 |
| PathRecMoveBwd | 机器人根据记录的路径作后退运动 |
| PathRecMoveFwd | 机器人运动到执行 PathRecMoveFwd 这个指令的位置上 |
| PathRecValidBwd | 检查是否激活路径记录和是否有可后退的路径 |
| PathRecValidFwd | 检查是否有可向前的记录路径 |

注：这些功能需要选项 "Path recovery" 配合。

### 9. 输送链跟踪功能（见表 A-25）

表 A-25　输送链跟踪功能

| 指　　令 | 说　　明 |
| --- | --- |
| WaitWObj | 等待输送链上的工件坐标 |
| DropWObj | 放弃输送链上的工件坐标 |

注：这些功能需要选项 "Conveyor tracking" 配合。

### 10. 传感器同步功能（见表 A-26）

表 A-26　传感器同步功能

| 指　　令 | 说　　明 |
| --- | --- |
| WaitSensor | 将一个在开始窗口的对象与传感器设备并联起来 |
| SyncToSensor | 开始/停止机器人与传感器设备的运动同步 |
| DropSensor | 断开当前对象的连接 |

注：这些功能需要选项 "Sensor synchronization" 配合。

### 11. 有效载荷与碰撞检测（见表 A-27）

表 A-27　有效载荷与碰撞检测

| 指　　令 | 说　　明 |
| --- | --- |
| MotionSup | 激活/关闭运动监控 |
| LoadId | 工具或有效载荷的识别 |
| ManLoadId | 外轴有效载荷的识别 |

注：这些功能需要选项 "Collision detection" 配合。

### 12. 关于位置的功能（见表 A-28）

表 A-28　关于位置的功能

| 指　　令 | 说　　明 |
| --- | --- |
| Offs | 对机器人位置进行偏移 |
| RelTool | 对工具的位程和姿态进行偏移 |
| CalcRobT | 从 jointtarget 计算出 robtarget |
| Cpos | 读取机器人当前的 $X$、$Y$、$Z$ |
| CRobT | 读取机器人当前的 robtarget |
| CJointT | 读取机器人当前的关节轴角度 |
| ReadMotor | 读取轴电动机当前的角度 |
| CTool | 读取工具坐标当前的数据 |
| CWObj | 读取工件坐标当前的数据 |
| MirPos | 镜像一个位置 |
| CalcJointT | 从 robtarget 计算出 jointtarget |
| Distance | 计算两个位置的距离 |
| PFRestart | 检查当路径因电源关闭而中断的时候 |
| CSpeedOverride | 读取当前使用的速度倍率 |

## 五、输入/输出信号处理

机器人可以在程序中对输入/输出信号进行读取与赋值，以实现程序控制的需要。

### 1. 对输入/输出信号的值进行设定（见表 A-29）

表 A-29　对输入/输出信号的值进行设定

| 指　　令 | 说　　明 |
| --- | --- |
| InvertDO | 对一个数字输出信号的值置反 |
| PulseDO | 数字输出信号进行脉冲输出 |
| Reset | 将数字输出信号置为 0 |
| Set | 将数字输出信号置为 1 |
| SetAO | 设定模拟输出信号的值 |
| SetDO | 设定数字输出信号的值 |
| SetGO | 设定组输出信号的值 |

### 2. 读取输入/输出信号值（见表 A-30）

表 A-30　读取输入/输出信号值

| 指　　令 | 说　　明 |
| --- | --- |
| AOutput | 读取模拟输出信号的当前值 |
| DOutput | 读取数字输出信号的当前值 |
| GOutput | 读取组输出信号的当前值 |

（续）

| 指　　令 | 说　　明 |
| --- | --- |
| TestDI | 检查一个数字输入信号已置 1 |
| ValidIO | 检查 I/O 信号是否有效 |
| WaitDI | 等待一个数字输入信号的指定状态 |
| WaitDO | 等待一个数字输出信号的指定状态 |
| WaitGI | 等待一个组输入信号的指定值 |
| WaitGO | 等待一个组输出信号的指定值 |
| WaitAI | 等待一个模拟输入信号的指定值 |
| WaitAO | 等待一个模拟输出信号的指定值 |

### 3. I/O 模块的控制（见表 A-31）

表 A-31　I/O 模块的控制

| 指　　令 | 说　　明 |
| --- | --- |
| IODisable | 关闭一个 I/O 模块 |
| IOEnable | 开启一个 I/O 模块 |

## 六、通信功能

### 1. 示教器上人机界面的功能（见表 A-32）

表 A-32　示教器上人机界面的功能

| 指　　令 | 说　　明 |
| --- | --- |
| IPErase | 清屏 |
| TPWrite | 在示教器操作界面写信息 |
| ErrWrite | 在示教器事件日记中写报警信息并储存 |
| TPReadFK | 互动的功能键操作 |
| TPReadNum | 互动的数字键盘操作 |
| TPShow | 通过 RAPID 程序打开指定的窗口 |

### 2. 通过串口进行读写（见表 A-33）

表 A-33　通过串口进行读写

| 指　　令 | 说　　明 |
| --- | --- |
| Open | 打开串口 |
| Write | 对串口进行写文本操作 |
| Close | 关闭串口 |
| WriteBin | 写一个二进制数的操作 |
| WriteAnyBin | 写任意二进制数的操作 |
| WriteStrBin | 写字符的操作 |
| Rewind | 设定文件开始的位置 |
| ClearIOBuff | 清空串口的输入缓冲 |
| ReadAnyBin | 从串口读取任意的二进制数 |

（续）

| 指　　令 | 说　　明 |
| --- | --- |
| ReadNum | 读取数字量 |
| Readstr | 读取字符串 |
| ReadBin | 从二进制串口读取数据 |
| ReadStrBin | 从二进制串口读取字符串 |

### 3. Sockets 通信（见表 A-34）

表 A-34　Sockets 通信

| 指　　令 | 说　　明 |
| --- | --- |
| SocketCreate | 创新 Socket |
| SocketConnect | 连接远程计算机 |
| Socketsend | 发送数据到远程计算机 |
| SocketReceive | 从远程计算机接收数据 |
| SocketClose | 关闭 Socket |
| SocketGetStatus | 获取当前 Socket 状态 |

## 七、中断程序

### 1. 中断设定（见表 A-35）

表 A-35　中断设定

| 指　　令 | 说　　明 |
| --- | --- |
| CONNECT | 连接一个中断符号到中断叹序 |
| ISignalDI | 使用一个数字输入信号触发中断 |
| ISignalDO | 使用一个数字输出信号触发中断 |
| ISignalGI | 使用一个组输入信号触发中断 |
| ISignalGO | 使用一个组输出信号触发中断 |
| ISignalAI | 使用一个模拟输入信号触发中断 |
| ISignalAO | 使用一个模拟输出信号触发中断 |
| ITimer | 计时中断 |
| TriggInt | 在一个指定的位置触发中断 |
| IPers | 使用一个可变量触发中断 |
| IError | 当一个错误发生时触发中断 |
| IDelete | 取消中断 |

### 2. 中断控制（见表 A-36）

表 A-36　中断控制

| 指　　令 | 说　　明 |
| --- | --- |
| ISleep | 关闭一个中断 |
| IWatch | 激活一个中断 |
| IDisable | 关闭所有中断 |
| IEnable | 激活所有中断 |

## 八、系统相关的指令

时间控制（见表 A-37）

表 A-37　时间控制

| 指　　令 | 说　　明 |
|---|---|
| ClkReset | 计时器复位 |
| ClkStrart | 计时器开始计时 |
| ClkStop | 计时器停止计时 |
| ClkRead | 读取计时器数值 |
| CDate | 读取当前日期 |
| CTime | 读取当前时间 |
| GetTime | 读取当前时间为数字型数据 |

## 九、数学运算

### 1. 简单计算（见表 A-38）

表 A-38　简单计算

| 指　　令 | 说　　明 |
|---|---|
| Clear | 清空数值 |
| Add | 加或减操作 |
| Incr | 加 1 操作 |
| Decr | 减 1 操作 |

### 2. 算术功能（见表 A-39）

表 A-39　算术功能

| 指　　令 | 说　　明 |
|---|---|
| Abs | 取绝对值 |
| Round | 四舍五入 |
| Trunc | 舍位操作 |
| Sqrt | 计算二次根 |
| Exp | 计算指数值 $e^x$ |
| Pow | 计算指数值 |
| ACos | 计算圆弧余弦值 |
| ASin | 计算圆弧正弦值 |
| ATan | 计算圆弧正切值[-90,90] |
| ATan2 | 计算圆弧正切值[-180,180] |
| Cos | 计算余弦值 |
| Sin | 计算正弦值 |
| Tan | 计算正切值 |
| EulerZYX | 从姿态计算欧拉角 |
| OrientZYX | 从欧拉角计算姿态 |

# 参 考 文 献

[1]  邢美峰. 工业机器人操作与编程［M］. 北京：电子工业出版社，2016.

[2]  郝巧梅，刘怀兰. 工业机器人技术［M］. 北京：电子工业出版社，2016.

[3]  兰虎. 工业机器人技术及应用［M］. 北京：机械工业出版社，2014.

[4]  张培艳. 工业机器人操作与应用实践教程［M］. 上海：上海交通大学出版社，2009.

[5]  兰虎. 焊接机器人编程及应用［M］. 北京：机械工业出版社，2013.

[6]  叶晖，管小清. 工业机器人实操与应用技巧［M］. 北京：机械工业出版社，2010.